# 情绪自救

博雅 —— 编著

北京日报出版社

图书在版编目（CIP）数据

情绪自救 / 博雅编著 . -- 北京：北京日报出版社，2025. 1. -- ISBN 978-7-5477-5073-5

Ⅰ . B842.6-49

中国国家版本馆 CIP 数据核字第 2024R0D729 号

情绪自救

| 出版发行 | ：北京日报出版社 |
|---|---|
| 地　　址 | ：北京市东城区东单三条 8-16 号东方广场东配楼四层 |
| 邮　　编 | ：100005 |
| 电　　话 | ：发行部：（010）65255876 |
|  | 　总编室：（010）65252135 |
| 印　　刷 | ：三河市刚利印务有限公司 |
| 经　　销 | ：各地新华书店 |
| 版　　次 | ：2025 年 1 月第 1 版 |
|  | 　2025 年 1 月第 1 次印刷 |
| 开　　本 | ：920 毫米 ×1260 毫米　1/16 |
| 印　　张 | ：12 |
| 字　　数 | ：160 千字 |
| 定　　价 | ：42.00 元 |

版权所有，侵权必究，未经许可，不得转载

# 前言
preface

你是否被下面这些负面情绪影响过，经常陷入"内在战争"？

看到别人家的孩子年少成才，总有一种深深的焦虑感和无力感；

望着别人在职场干得风生水起，而你一个人迷茫受挫，常常夜不能寐，陷入自我怀疑；

被领导批评几句，或者在忙碌的时候被父母唠叨几句，气得咬牙切齿，恨不能拂袖而去；

第一次被老师叫起来回答问题，或者第一次给客户演示产品，大脑一片空白，表情失去管理，肌肉僵硬，浑身发抖；

被房贷、车贷压得身心俱疲，感觉掉进了无底深渊，产生轻生的念头；

…………

面对上面这些问题时，如果你给出的是肯定答案，你可能已经被负面情绪控制了。愤怒、焦虑、紧张、抑郁、迷茫、恐惧……这些负面情绪就像漫天雨雾，来了又走，走了又来，把原本平静的你折腾得伤痕累累。

情绪失控带来的是健康的隐患。柏拉图说："要医治一个人的眼睛就不能不涉及他的头部，要医治他的头部就不能不涉及他的躯体，要医治他的身体就不能不涉及他的心灵。"情绪并非游离于身体之外，而是与我们的身体健康息息相关，它深入人的身体，与细胞、器官、血液等相互交织。如果情绪受到影响，我们的健康自然会亮起红灯。

有人说，让生活失去笑声的不是挫折，而是内心的困惑，让脸上失去笑容的不是磨难，而是紧闭的心灵，没有谁的心情会永远轻松愉快。战胜自我，进行情绪自救，需要从"心"开始。

我们无法改变天气，却可以改变心情；无法控制别人，但可以掌握自己。情绪是很复杂的东西，好情绪可以成就我们的人生，而坏情绪则可能让我们"败走麦城"。那么，如何管理好自己的情绪，学会疏导和激发情绪，利用情绪的自我调节来改善与他人的关系，则是我们人生中必须修习的一堂课。

被负面情绪笼罩时，我们该如何控制情绪，如何进行情绪自救呢？

《情绪自救》一书归纳总结出面对焦虑、愤怒、紧张、沮丧、悲伤、痛苦等负面情绪时，如何以轻松、愉悦的心情面对，从而帮助大家更轻松地工作与生活。

# 目录
## content

**第一章　我的情绪，我做主**

　　情绪是一种信号，无关好坏　　　　　　　　　　003

　　准确识别情绪，是自救的前提　　　　　　　　　005

　　管理好情绪，不要被情绪"奴役"　　　　　　　010

　　情绪自救：学会这几招，做自己的情绪调节师　014

**第二章　焦虑症自救：你就是想得太多**

　　父母的焦虑：承认孩子平凡有多难　　　　　　019

　　"白、幼、瘦"审美，让你陷入容貌焦虑　　　023

　　职场基本功，专治你的工作焦虑　　　　　　　025

　　"社恐"指南：六个策略让你摆脱人际焦虑　　028

　　深度剖析焦虑的根源　　　　　　　　　　　　033

　　情绪自救：焦虑症的六点自我防护　　　　　　037

**第三章　抑郁症自救：真希望你也喜欢自己**

　　抑郁症的十个前兆，你中招没有　　　　　　　043

别误会，抑郁真的不是矫情　　　　　　　048

抑郁症的背后，都是放不下的执念　　　　051

人生没什么不可放下　　　　　　　　　　054

缓解抑郁情绪，走出抑郁阴影　　　　　　057

情绪自救：松弛疗法，走出抑郁的世界　　061

## 第四章　逃避心理自救：不解决问题，就会成为问题

面对羞辱，可以这样霸气反击　　　　　　067

烦恼不是用来逃避的，而是用来解决的　　070

面对背叛、欺骗，永远不要做逃兵　　　　074

面对打压，这样做比逃避更管用　　　　　077

情绪自救：不要逃避，而要直面"差评"　　080

## 第五章　生气自救：可以生气，但不要越想越气

你为什么会有一个易怒体质　　　　　　　085

生气带来的危害远比想象严重　　　　　　087

一个人的脾气来了，福气就走了　　　　　089

不拿别人的错误惩罚自己　　　　　　　　093

真正的智者，不较真、不生气　　　　　　094

合理情绪疗法：制怒良方　　　　　　　　097

情绪自救：制止冲动的方法　　　　　　　100

## 第六章　紧张自救：钝感力觉醒

不可避免的人生第一次　　　　　　　　107

警惕紧张情绪带来的健康隐患　　　　　110

有备无患，方能临危不乱　　　　　　　111

失败一次又何妨　　　　　　　　　　　113

缓解紧张，要学会忙里偷闲　　　　　　115

情绪自救：消除紧张情绪的妙招　　　　119

## 第七章　恐惧自救：怕，就会输一辈子

你为什么会莫名其妙地恐惧　　　　　　125

战胜自卑，才能克服恐惧　　　　　　　128

乐观是抗拒恐惧的良药　　　　　　　　132

越恐惧，越要有勇气面对　　　　　　　134

超越自我，勇敢迈出第一步　　　　　　137

情绪自救：缓解恐惧感，用这几招很管用　140

## 第八章　抱怨自救：不抱怨，允许一切发生

抱怨随时都会发生　　　　　　　　　　145

认真思考，你在抱怨什么　　　　　　　148

生活本来就是不公平的　　　　　　　　152

抱怨起不到任何作用　　　　　　　　　156

  优秀的人从来都不抱怨   159
  情绪自救：逆境中保持平和心态的技巧   162

**第九章 选择困难症自救：学会选择，懂得放弃**
  做人，不能"既要又要还要"   169
  放弃那些可以放弃的选项   171
  锲而不舍，才能做好各种选择题   175
  情绪自救：选择了就不后悔，放弃了就不遗憾   178

**结语 如何保持情绪稳定**

第一章

**我的情绪，我做主**

任何时候，一个人都不应该做自己情绪的奴隶，不应该使一切行动都受制于自己的情绪，而应该反过来控制情绪。无论境况多么糟糕，你都应该努力去支配你的环境，把自己从黑暗中拯救出来。

——[美]奥里森·马登

情绪是一个人健康的信号灯，情绪既能致病也能治病。我们要做自己情绪的调节大师，学会驾驭自己的情绪，而不是被情绪驱使，在失控的情绪中内耗，从而忘记了幸福是什么。

## 情绪是一种信号，无关好坏

世界上的事情并没有绝对的好与坏。比如，下雪天，汽车打滑，很容易引发交通事故，雨雪交加也容易冻伤人类；可是它的到来也能为植被储备一定的水源，可以净化空气，让空气变得湿润，还可以消灭细菌，降低流行性感冒的发病率等。就像老子说的那样，"祸兮福之所倚，福兮祸之所伏"，要用辩证思维看待问题。

同样的道理，负面情绪也并非无益于人类。当一个人受到不公平的待遇时，他会产生愤怒和怨恨的情绪，但是这种负面情绪也会激发他体内的力量，促使他奋勇向前，最后超越自己，成为一个无坚不摧的勇者。

从这个角度看，情绪不分好坏，它只是人体对外界的一种反应机制，真实地反映了人内心的需求。它的存在就像信号，体现了一个人对于某件事情或者某个东西的想法和态度。比如，某人第二天有一场演讲，前一天内心极度紧张，这种情绪反应说明他对这场演讲非常重视和在乎，也反映出这个人的演讲能力还有很大的进步空间。

情绪是"送信人"，每一封信都来自我们的内心，如果你愿意收下、理解和接纳这条信息，"送信人"就会离去。相反，如果你关门不接待这个"送信人"，它就会一次次地不请自来，不分时间和地点地敲响你的心扉。

这段话精准地概括了情绪的性质和作用。作为拥有理智的人，我们不能无视情绪，不能批判情绪，更不能压制情绪，而应该承认和接受它，否则会导致我们产生心理障碍。通常来说，心理障碍包括心理矛盾、自我否定、心理压抑、情感纠葛，以及模糊不清、莫名其妙的忧虑等。

可是在现实生活中，我们意识不到这一点，尤其是为人父母者。当孩子闹情绪的时候，父母往往会给孩子扣上"不听话""不懂事"的帽子，对他们的委屈和哭泣置之不理。这种不允许孩子表达情绪的做法，会让孩子的内心极度压抑，从而可能导致孩子成年后出现严重的性格问题。曾有心理学家研究后发现，如果父母没有给予孩子足够的情感回应，不关注孩子的真实想法，这种童年时期的情感忽视会导致孩子低自尊、自卑，没有归属感，没有安全感，甚至陷入抑郁。

所以，我们应当杜绝给发泄情绪的人贴负面标签的行为，我们要允许自己，也允许别人充分表达内心的真实情绪。愤怒、害怕、兴奋或其他情绪都是人内心的真实感受，表达出来以后，人的心情就会变得顺畅很多。

科学研究表明，适当的哭泣可以带走我们体内因压力等负面情绪产生的毒素，帮助我们减压。

另外，坦率地表达情绪也有助于我们理解和接受他人的情感。比如，一个领导看到员工在接到任务后满面愁容，那么他就可以大致了解该员工的内心活动，然后反思自己布置的任务是否过难或者过量。总之,坦率表达情绪更有利于相互沟通和理解。

反之,假如我们不能正视情绪,不能坦率地接纳他人的情绪,我们就可能对别人的眼泪失去耐心,也有可能对别人的愤怒感到心烦意乱,还有可能对别人的缺点紧盯不放,更有可能对别人的爱慕表现冷漠。这种不面对、不承认情绪的态度会影响你的人际关系,你的精神状态也会变得很糟糕,最终得不偿失。假如我们不正视和接受自己的情绪,那么我们就会在内心压抑、愤懑,最终为负面情绪所累,陷入恶性循环而无法脱身。

有情绪就好好发泄吧,这样你的身心健康才能得到保证。不过,在发泄情绪的时候,要选择合适的场合、合适的时机、合适的表达方式,否则会让情况变得更加糟糕。如果没有收拾残局的能力,就不要放纵自己的情绪。

## 准确识别情绪,是自救的前提

小凤是一家互联网公司的领导,以前的她性格平和,人也很温柔,可最近就像吃了枪药一样,多说一句都火冒三丈。有一天晚上,她的丈夫说了一句:

"你怎么还不睡觉?"她立刻反击:"我睡不睡觉,关你什么事,在单位被领导管,在家还要被你管,害得我一点自由都没有。"

从丈夫惊讶的眼神中,小凤觉察到自己反应过激了。之后,她暗自思索了一阵子,才发现最近一段时间心烦意乱,主要是因为担心自己会在公司接下来的人事安排中失去现有职位。尽管她在内心无数次地告诉自己"我不会受眼下的得失影响",但是心里还是止不住七上八下,无法安宁。

至此,小凤终于觉察到了自己的负面情绪,也似乎从这一刻开始,她变得轻松了许多。找出心烦意乱的原因后,小凤便对症下药,不断充实自己,在工作上更加努力。最后,小凤不但没有像以前那样烦躁,得到了心灵上的安宁,而且获得了更高的职位。

准确地察觉和识别自己的情绪是实现自救的前提。上面的故事便是对这句话最好的诠释。假如故事中的小凤没有察觉自己的负面情绪,而是任由它操控自己的内心,那么她便失去了自救的机会。我们只有察觉到负面情绪的存在,并保持警觉,才能用理性遏制失控的行为,从而渡过难关。

对于我们而言,应该如何准确识别自己的情绪呢?下面介绍六种实用的方法。

1. 从身体的感觉判断

情绪与我们的身体息息相关，当我们受到情绪的干扰时，身体也会不由自主地发生变化。这在心理学上称为"躯体化"。比如，当紧张情绪袭来时，我们的心跳会加快、手心会出汗、声音会颤抖、双腿会发软；再如，当愤怒情绪袭来时，我们会面红耳赤、头晕眼花、胸闷心悸，甚至会呼吸困难。人可以感受到这种身体的变化，所以我们可以通过感受身体变化来判断自己的情绪。

2. 从肢体动作判断

每个人都有一个最忠实的情绪记录员——身体。一个人的肢体变化可以反映他内心的真实感受和想法。比如，当你双臂交叉时，说明你正处于防御的状态，情绪是紧张的；当你多次摸鼻子的时候，说明你可能在撒谎，这表明你的情绪是焦虑不安的；当你在跟别人交流的时候，不停地掏耳朵，说明你的内心是放松和不屑的，情绪是轻松愉悦的；当你双腿交叉时，说明可能你处于戒备状态，情绪是敏感、害羞的。

肢体动作是人内心和情绪的外显。我们可以从自己的眼睛、头、手、腿、脚、胳膊、耳朵等部位的肢体动作中观察记录，从而识别、判断自己的情绪。

3. 从语言判断

俗话说："言为心声，语为心境。"通过语言可以解锁一个人的情绪。比如，当你咬牙切齿地对某个人说话的时候，你的内心是急躁的，情绪是愤怒的；当你声音低沉、语调舒缓地表达某种意思时，你的情绪是悲伤的；当你口若悬河地讲述某件事情时，你的内心是亢奋的，情绪是愉悦的；当你用言外之意不停地暗示别人时，你的内心是急躁的、情绪是焦虑的，你特别需要他人理解你话里的意思。总之，我们可以从语音、语调、语速、语言的内容等方面判断自己的情绪。

4. 从微表情判断

一位精神病学家委托美国心理学家艾克曼和弗里森检测一段抑郁症患者的录像。录像里，这名抑郁症患者表现得很积极，脸上也经常挂着微笑，丝毫看不出他有自杀倾向。

可这两位心理学家在录像慢放的时候发现，患者谈到未来计划时露出了一个幅度很大的痛苦表情，这个表情持续的时间仅有 1/12 秒，却真实地暴露了患者的内心世界。所以，微表情是窥探一个人内心情绪的一把钥匙。

我们可以通过感受眼睛、嘴巴、眉毛、鼻子、下巴等部位的轻微变化进行情绪判断。比如，当你的眉毛和嘴角上扬的时候，你的心情是舒展的，情绪是愉悦的；当你的嘴唇紧抿时，你的内心是压抑的，情绪是焦虑的。

5. 从梦境判断

很多人在情绪迸发的时候，并没有觉察到它的存在，不过它会不知不觉地渗透进你的梦里，通过梦境展现出来。比如，当你的内心有隐隐的不甘和愤怒时，你是意识不到的，但是它会储存在你的潜意识中，当你一大早从睡梦中醒来，或许由于残留在潜意识中的噩梦，或许因为一个想不起来具体情景的尴尬经历，你会感觉到心里很不舒服，而这一整天在工作中也提不起精神，大家对你的精神状态表示很不理解，你自己也感觉莫名其妙。其实这就是你未曾觉察的情绪在作祟。总而言之，梦境总是荒诞离奇的，但它有时却能真实地反映出一个人的情绪。

6. 从情绪反刍判断

情绪反刍是指在情感上对无法摆脱的某种负面情绪不断地重复思考、不断地回忆过去的经历，甚至会在脑海中想象出一些不真实的场景和情节，这种情况就像一头反刍的牛一样，不停地嚼着同样的东西，无法解脱。在这个过程中，我们以联想为纽带，沿着自己的心灵发展轨迹溯流而上，用一种情绪去联想更多的情绪状态，然后静静地体会蕴含其中的种种情绪。

不良的情绪会扰乱一个人的生活，会降低一个人的工作效率。我们能否疏解、调理和控制自己的情绪，关键在于自我觉察，在于我们能否把它识别出来。通过上面的方法，我们可以觉察到自己情绪的变化，只有准确地识别出它们，我们才能更好地控制消极情绪，培养健康的情绪。

## 管理好情绪，不要被情绪"奴役"

当心情很糟糕时，虽然我们感觉到不太舒服，但是不太容易把它表达出来。解决的办法，多半是把它当作一种身体上的疾病，有人甚至找几片药片吃了了事。不改变不直面问题的态度，人自然会被情绪牵着鼻子走。

在生活中，我们常常看到自己被情绪"奴役"的场景：考试前会焦虑不安、手足无措、心烦意乱；受到老师的批评后会头脑一片空白，对上学的兴趣骤降；和同学、朋友争吵后，会生气地摔东西；和家人发生争执时，会难过得一整天都不想吃饭。

类似不好的感受，偶尔出现一次还不要紧，如果经常这样，那就要加以重视了！这种经常被情绪"奴役"，陷入情绪的泥沼无法脱离的现象，不仅扰乱自己的生活秩序，也严重影响自己的身体健康。

可很多人并没有意识到自己被情绪"奴役"所带来的危害，不仅没有正确处理，反而把情绪视为洪水猛兽，唯恐避之不及！领导常常对员工说："上班时间，不要把个人情绪带到公司里来。"妻子常常对丈夫说："家是一个充满爱的地方，不要把你的情绪留给家人。"而专家也告诉家长："面对孩子不要随意发泄情绪。"……这无形中表达出我们对情绪的恐惧及无奈。正因如此，很多人在坏情绪来临时，不懂得如何处理，后果就是，轻者影响日常工作，重者破坏人际关系，更有甚者身体会患上严重的疾病。

美国心理学家丹尼尔认为，一个人的成功，只有20%是依靠智商，80%是凭借情商。情商管理的核心就是用科学的、人性的态度和技巧来管理人们的情绪，让情绪发挥其积极的意义，规避不好的影响。真正健康、有活力的人，懂得如何协调、管理和驾驭自己的情绪，不会让坏的情绪摧毁自己的生活。

拉莎·贝纳尔是一位享誉世界的戏剧演员，然而在她的事业达到巅峰的时候，命运跟她开了一个残忍的玩笑。一次横渡大西洋的旅途中，风暴突然来临，拉莎·贝纳尔不幸从甲板上滚落，伤情非常严重，医生要锯掉她的腿。然而就在进手术室的那一刻，拉莎·贝纳尔突然念起了台词，大家都以为她这样做是为了缓解紧张的情绪，没想到她却打趣地说道："不是的，是为了给医生和护士们打气。你瞧，他们不是太正儿八经了吗？"

故事中的拉莎·贝纳尔积极乐观、勇敢坚强，她坦然迎接了命运的考验，没有怨天尤人，没有抱怨上天不公，相反用"他们不是太正儿八经了吗？"这样的话活跃手术室里的气氛。她在心中一定装了一个情绪转换器，所以能够很好地将消极情绪转换为积极情绪。

对于我们来说，应该如何管理和转换自己的情绪呢？

1. 接受自己的情绪

管理情绪的第一步是要学会接受情绪。我们只有完全接纳了它的存在，才能管理好它。在难过悲伤的时候，我们不用假装自己很快乐；在紧张焦虑的时候，我们不用假装自己很轻松；在失望迷茫的时候，我们不用假装自己无所谓……我们必须承认它的存在，才能对症下药，达到有效管理。

2. 表达自己的情绪

如果你陷入消沉、郁结的心情难以自拔，那就把你的情绪表达出来吧。适当宣泄一下自己的情绪，这样心情就会舒畅很多。不过在表达之前，一定要想想你宣泄情绪的目的。如果你现在是愤怒的情绪，你把它表达出来，是想获胜、报复，还是维护你的权利？只有了解了自己的意图，你才能把握好表达的分寸，让它不至于影响你的人际关系。

3. 认清情绪产生的原因

为了避免负面情绪再次产生，我们要认清负面情绪产生的原因。比如，某个女孩总说"我看到自己的男朋友，心里就不痛快"。后来，经过一系列的内心剖析，她才发现自己之所以那么生气，主要是因为男朋友总是当着她的面和其他女生说说笑笑。这种没有边界的行为让她缺乏安全感，愤怒的情绪油然而生。我们只有了解负面情绪的真正源头，才能进一步解决问题，化解不良情绪。

在追根溯源的过程中，我们很容易把自己遭遇的不幸归因于外界，从而忽视了自己的责任。比如，我们因迟到遭到上司的斥责，情绪很低落。在这种情况下，我们会责怪上司太苛责，不懂得体谅下属，或者认为上司看不惯自己。总之，就是不反思自己的问题。如果我们不懂得向内归因，那么问题就得不到真正的解决，其他的负面情绪也会接踵而至，这一点我们一定要警惕。

当然，调节情绪的时候，除了上面提到的方法，我们还可以改变自己的认知。凡事不要只看到坏的一面，以乐观的心态看待问题，情绪才能变得积极。此外，在情绪低沉落时，我们也可以自我犒劳一番，如去逛街、爬山、吃喜欢的食物、听歌赏舞，这样也可以让我们的情绪由坏转好。

## 情绪自救：
## 学会这几招，做自己的情绪调节师

美国得克萨斯州立大学的史密斯教授曾经针对受测者情绪的变化及其个人生理、心理状态做了一个实验。

史密斯教授在实验报告中指出：一般人处于焦虑、愤怒、恐惧情绪时，大多会分泌一种来自脑下腺的激素——肾上腺皮质激素，来刺激肾上腺，因而影响受测者的生理状态。在这种情况下，受测者极易产生心跳加速、口干、胃部胀痛等生理现象。这种情形如果持续下去，容易引起心脏病、高血压或胃溃疡等疾病。

俗话说："天有不测风云，人有旦夕祸福。"在日常生活中，我们难免会遇到不愉快的事，而一味地生气、焦虑、怨恨，不仅不会使事情好转，反而会严重地伤害我们的身心健康。

那么，我们应该如何调节负面情绪呢？

1. 转移注意力

当我们特别在意某件事情的时候，往往会出现负面情绪，所以要调节负面情绪，就需要淡化对这件事情的关注。具体来说，就是转移自己的注意力，把注意力分散到其他地方，如听歌、跳舞、外出旅游、看电影、读书、找朋友聊天等。

### 2. 自我暗示

当我们心里很紧张时，暗暗给自己鼓劲："加油，我可以的。"这种积极的自我暗示，可以把"我能行"的思想灌输进潜意识这片沃土，让我们在不知不觉中增加自信心，调整和放松紧张的心情，使不良情绪得到缓解。

另外，在自我暗示的过程中，我们除了在心里劝慰自己，还可以把积极的词语写在纸上，如"愉快""乐观""积极""冷静""镇定"等，反复诵读这些词语，可以对我们的负面情绪起到很好的调节作用。

### 3. 调节呼吸

当我们内心焦虑，或者碰到恐惧的情形时，可以采用深呼吸的方式，慢慢地吸气与吐气，调整节奏，以达到放松的效果。这是最简单、有效的情绪放松方法，它可以帮助我们放松身体和减轻压力。

### 4. 自我安慰

当阿Q被欺负之后，他会自我安慰："我们先前——比你阔的多啦！""现在的世界太不成话，儿子打老子……"通过自我安慰，他的内心找到了平衡，情绪也稳定了很多。其实有的时候，我们也可以适当学一学阿Q精神。

比如，你向喜欢的女生表白，结果被她拒绝了，你的心情很低落，这个时候你可以这样安慰自己："这个与我无缘，还有下一个，老天对我还另有安排！"这种自我安慰可以帮助我们减少精神上的痛苦或者不安。

不过，这只是一种化解负面情绪的方法。我们在自我安慰过后，还要总结经验、吸取教训，为之后的成功做好准备，否则可能会导致更多的失败。

5. 学会倾诉

倾诉是调节负面情绪的好方法。在倾诉的过程中，我们可以向他人表达自己的感受，诉说自己的不满。当心里的委屈和辛酸倾泻而出时，我们的心里就会舒服很多，负面情绪也能得到有效缓解。

6. 合理宣泄

过分压抑只会让我们的负面情绪加剧。遇到负面情绪时，我们可以选择一种合理的方式进行宣泄。比如，找个没人的地方大哭一场，在山顶大喊，或者体育锻炼等方式。这样，负面情绪就有了一个宣泄的出口，不至于让它留存在我们的身体里，伤害我们的健康。

人们常说，好的情绪会让气息、血脉运行得更加通畅；而负面情绪则会分泌出有害的物质，阻碍气血运行，进而对身体产生不良影响。因此，我们要学会管理和控制情绪，做情绪的主人，避免负面情绪对我们的身体产生负面的影响。

第二章

# 焦虑症自救：
# 你就是想得太多

打败焦虑的最好方法,就是去做那些让你觉得焦虑的事。

——李尚龙

在生活中,我们经常会被焦虑所困扰,身材、容貌、育儿、职场、婚姻、社交等都会成为我们焦虑的来源。如何摆脱、如何自洽,是我们一生都要学习和研究的课题。

## 父母的焦虑：承认孩子平凡有多难

如今，人们的生活压力日益增加，对待孩子的教育也逐渐走向"内卷"模式，大家争先恐后，生怕自己的孩子比别人差。在焦虑情绪的推动下，孩子们每天的任务量都在增加，除了学校正常的功课以外，家长恨不得让孩子把各个艺术类的课都学一遍。孩子的时间几乎被学习占满，内心的压力也随之激增，他们过得很不快乐，从他们的身上看不到孩子应有的蓬勃朝气。那么，家长为什么会这么焦虑，为什么非要让孩子考上名校，甚至走出国门呢？

一位妈妈曾经说：看着别人家的孩子与外国人无障碍交流，英语达到了大学专八水平，在动物园里看到一个三岁的孩子能把动物园里所有的汉字念出来，在茶室里看到一个五岁的孩子能把《高山流水》弹奏成演奏级别，再看看自己的孩子，就会满心焦虑。

从这段话我们不难看出，这位妈妈的心在与人攀比的道路上一步步地被焦虑充满。随着人们生活压力的增大，父母肩上的担子越来越重，过得也越来越艰难。很多家长一生勤俭节约，他们满心满眼都是为了孩子好，他们想让孩子过得好，所以想方设法地提升孩子的能力，增加孩子的知识储备，让孩子变得更加优秀，这就是他们焦虑的根源。可随着互联网的普及和资讯的发达，他们看到了越来越多优秀的孩子，这些孩子身兼"十八般武艺",无论是英语口语,还是奥数运算,抑或古诗成语,都表现得很出色,而且各种才艺信手拈来;再回过头来看看自己的孩子那副为一道简单的题目发愁的模样,他们的心态一下子就不平衡了。所以,在攀比心的驱使下,他们变得急躁、焦虑。

科学研究表明,收入差距越大,父母越倾向于在教育孩子上焦虑。

耶鲁大学教授法布里奇奥·齐利博蒂在他的著作《爱、金钱和孩子》里用数据告诉我们,社会贫富差距较小的瑞典、挪威等国家的父母,采用"放任型"的养育风格;贫富差距大的国家里的父母,大多采用"权威型"和"专制型"的育儿风格。在这两种教育风格当中,后者更倾向于逼迫孩子去拼学习。换句话说,贫富差距越大,父母越"内卷",逼迫孩子去拼学习的动力就越大。

书中还提到,逼迫孩子去拼学习也与教育的回报率有关。教育回报率低的国家,父母多采用"放任型"的养育风格;教育回报率高的国家,父母更偏向采用"权威型"和"专制型"的养育风格。

这一点也不难理解,因为不同学历的人在收入上会有很大的差距,而很多父母认识到了这一点,所以他们努力让孩子成为一个高学历的人,以此让孩子将来能获得更高的回报。

在以上种种原因的驱动下,父母的焦虑情绪越来越严重,逼迫孩子去拼学习的程度日益加剧。网上有一个三岁宝宝的日程表：

7:30 起床（听英文歌曲）

8:00 — 8:30 晨读《诗经》《论语》等

8:30 — 9:00 早餐（放音频）

9:00 — 9:30 基础课程（闪卡课程训练）

9:30 — 10:00 英语单词分组记忆

............

睡觉前：两本英文书，一本中文书

这排得满满当当的日程表体现出了父母逼迫孩子去拼学习的坚定决心。然而，这样逼迫出来的孩子真的好吗？有多少孩子因为父母的逼迫产生厌学情绪，又有多少孩子因为父母的逼迫丧失了对外界探索的兴趣？被逼迫的孩子天天处在紧张的学习状态中，缺乏必要的休息和锻炼时间，导致身体发育迟缓，更有一些孩子因压力过大而患上了轻重不一的精神疾病。

一定程度的督促孩子学习有利于孩子的成长，可是逼迫过甚，则偏离了初心，就变成了父母间的盲目攀比，那后果就不堪设想了。

网上有这样一句话："父母承认孩子的平庸，远比接受自己平庸更难。"对于很多父母来说，孩子的平庸是很难接受的。他们认为自己的孩子将来就应该像乔布斯那样改变世界，可渐渐地，在教育过程当中，他们绝望地发现自己的要求越来越低：在孩子刚出生的时候，希望他能考上清华、北大；后来在辅导的时候，祈祷他能考上一所普通的大学；再后来，会在心里默念只要他健康快乐成长就好；现在，只要他不气死父母就行；最后，只要孩子开心快乐就好。

这就是很多父母从望子成龙到无奈放弃的心路历程。从满怀希望到渐渐失望，最后到绝望，焦虑的父母实在"卷"不动了。

把一个孩子培养成社会精英谈何容易。要知道，孩子的天赋各有差异、兴趣各有不同，如果孩子的天赋不高，而兴趣又不在学习上，家长却逼着他学习，无疑就是把他推入了人生的"死胡同"。

接受孩子的平庸，停止"内卷"模式。父母的焦虑并不会让孩子变得更好，"内卷"也不一定能让孩子的将来变得更加光明。与其不停地逼迫孩子拼学习，逼迫孩子做不喜欢的事情，不如放手让他们发展自己的兴趣，找到自己独有的成就感和价值感，这才是父母送给孩子最珍贵的礼物。

就像有位作家说的那样，"孩子若是平凡之辈，那就承欢膝下；若是出类拔萃，那就展翅高飞。接受孩子的平庸，就像孩子从来没要求妈妈一定要有多么优秀一样"。做一个不焦虑的父母，你会发现孩子将来无论怎么走，都能找到属于他的人生。

# "白、幼、瘦"审美，让你陷入容貌焦虑

不知道从什么时候开始，社会上刮起了一股"白、幼、瘦"的审美风。很多女性都是清一色的幼态脸，身形也很瘦弱单薄，仿佛一阵风就能把她吹倒。很多以此为美的人为了达到"白、幼、瘦"，不惜用上整容、抽脂、催吐等手段。看着那些肤白貌美、细腰细腿，甚至逆龄生长的女孩，看着商场里尺码越做越小的衣服，很多女孩陷入了深深的焦虑，因为她们的身材和相貌并不能达到"白、幼、瘦"的标准。

为了达到自认为的美貌标准，很多女孩开启了"自残"之路：有的人为了瘦脸去削骨，结果一不小心把自己的脸彻底毁了。

但是，有些爱美的女孩却乐此不疲，她们承担着损害身体的风险，忍受着常人闻之色变的折磨，无非被"白、幼、瘦"的审美取向绑架了。她们渴望拥有白皙、幼小、瘦弱的外形，而达不到这个要求的时候，她们便陷入深深的焦虑之中，没有心思做其他有意义的事情。

"白、幼、瘦"的审美真的好吗？

1. "瘦成一道闪电"并不利于健康

首先，过度减肥会让身体缺乏正常需要的能量，而能量一旦补给不足，人就会萎靡不振，做什么事情都提不起精神来，看起来特别疲劳。其次，没有摄入足够能量就会导致内分

泌异常，而内分泌异常会给身体健康带来其他方面的隐患。再次，如果靠节食疯狂减肥，那么身体便无法获得必要的营养元素，而营养元素的缺乏又会带来脱发的困扰。最后，如果严格控制碳水、蛋白质摄入，过度节食，便会增加肝肾负担，还可能引起酸中毒，严重的话还会引起钙的流失，增加骨质疏松风险。

所以，维持"白、幼、瘦"大概率是要付出健康代价的。我们一定要抵制畸形的审美，让自己回归健康的状态。

2. 白皙并不是唯一的美

按照世俗的观念，拥有白皙的皮肤是每个女生的理想。很多人也坚持认为"一白遮百丑，一胖毁所有"。于是为了达到理想的美白效果，她们使用各种美白产品，对皮肤和身体健康造成了极大的伤害。

这种以健康为代价的畸形审美观念早就应该被淘汰了。如今，一些网站、杂志也开始号召"自然肤色美"，呼吁人们放弃对白皙的追求，保持自然肤色，更好地维护自己的身体健康。这是一种非常好的健康理念，不管肤色如何，只要是健康的、自然的，那就代表着你独特的气质。这种气质比千篇一律都是"牛奶肌"来得更加真实，更有吸引力。

3. "幼态感"并不意味着高级

并不是说越"幼态"越好看，所以没必要陷入容貌焦虑，整天无心做其他的事情。要知道，女性在每个人生阶段都各有魅力。一二十岁的女性，清纯可人；三四十岁的女性，知性优雅；四五十岁的女性，沉静洒脱；50岁以上的女性，平和释然。女性每个阶段有每个阶段的人格魅力，所以没必要固执地追求"幼态感"。

从"白、幼、瘦"的审美焦虑中解脱出来，用自己的优势和喜好定义好自己的风格，这样才能绽放出最美的自己。

## 职场基本功，专治你的工作焦虑

随着年龄的不断增长，人们的工作压力不断增大，在职场担心的事情越来越多：完不成业绩，害怕领导斥责；得不到领导的赏识，无法升职；对现在的工作越来越疲倦，对未来失去信心……焦虑症作为一种现代职业病，在社会上很是常见。

潇潇是一家公司的部门负责人，平日忙得脚不沾地。"每天一睁眼，就感觉心情很糟糕，因为等着我的是永远做不完的事情。一整天，电话都快打爆了，要处理的事情多如牛毛，好不容易晚上回到家可以休息了，但焦虑让我寝不能眠。我躺在床上辗转反侧，内心十分煎熬、痛苦，感觉如同在地狱中一般！"

潇潇这种情况属于典型的职场焦虑。通常来说，这类人责任心强，凡事都想做到尽善尽美，但总是事与愿违，想把什么都做好，往往什么都做不好。于是，无边的焦虑袭来。

焦虑是一种普遍的心理障碍，尤其是对于职场人来说，这种情绪普遍存在。流行病学研究表明，职场中大约有4.1%～6.6%的人会得焦虑症。

职业焦虑症持续的时间比较久，通常在六个月以上，其具体症状包括以下四类：身体紧张、自主神经系统反应性过强、对未来莫名地担心、过分机警。有些人症状比较单一，有些人具备所有的症状。

身体紧张：职业焦虑症患者常常无法得到身心放松，内心始终绷着一根"紧张"的弦，外在表现为眉头紧皱、表情严肃、全身紧张。

自主神经系统反应性过强：职业焦虑症患者的交感和副交感神经系统常常超负荷工作，因此会出现身体发冷发热、出汗、晕眩、心动过速、呼吸急促、手脚冰凉或发热、大小便过频、胃部难受、喉头有阻塞感等情况。

对未来莫名地担心：职业焦虑症患者没有安全感，经常担心自己的前途、财产、健康以及与亲人的关系等。

过分机警：职业焦虑症患者警惕性较高，他们像哨兵一样，对周围环境的每个细微动静都不放过。长时间处于这种精神紧绷的状态会严重影响其工作效率和睡眠质量。

那么，对于陷入焦虑的职场人来说，应该如何缓解这种负面情绪呢？以下是四个实用的建议。

1. 自我反省

有些人不善表达，总是把自己的情绪和欲望压制在心底，可情绪和欲望并不会就此消亡，它会在心底慢慢滋长，最后甚至会导致精神疾病。此时，你痛苦、焦虑，但不知道为什么会变成这样。因此在这种情况下，我们一定要学会自我反省，把潜意识中引起痛苦的事情诉说出来。当你发泄出来的时候，焦虑症状就会缓解很多。

2. 提升自信

很多人之所以会产生焦虑，是因为他们不够自信。他们不相信自己的能力，不相信自己能完成和应付所有的事情，而且总觉得事情会朝着失败的方向发展，就会忧虑、紧张和恐惧。因此，提升自信是治愈焦虑的必要前提。你的自信提升了，自卑感消失了，焦虑程度自然也就降低了。

3. 自我松弛

自我松弛是把你从紧张情绪中解脱出来的一个好方法。比如，你在精神愉悦的时候，设想自己可能会遇到哪些糟糕的事情，应该如何应对。当你多次在脑海中预演，并对它产生免疫的时候，你便不再感到焦虑。

### 4. 自我催眠

职业焦虑者大多是睡眠有问题的人，有可能躺在床上睡不着，有可能睡觉的时候突然从梦中惊醒，此时，可以进行自我催眠。比如，闭目养神，调整呼吸，数呼吸、听呼吸声，辨别吸气和呼气的气流温度差别，再结合一定顺序放松全身各部肌肉等方法；也可以利用单调声、光和按摩刺激或借助脑波、皮肤电阻等生物反馈装置帮助你放松身心。这些手段可以加速睡眠。

当然，你可以换一把能让身心放松的椅子，也可以整理办公桌，整整齐齐的样子能让人心情更舒畅。你还可以在下班后散散步，让疲惫了一天的身心得到舒缓，这样也能缓解焦虑。

## "社恐"指南：六个策略让你摆脱人际焦虑

随着互联网的兴起及手机的普及，人们对手机的依赖程度逐渐加大，导致大家的社交能力受到一定的影响，而一个人社交能力的下降有可能会影响其职位升迁、事业发展、名誉地位、升学就业、恋爱婚姻。当人们各个方面都因为社交恐惧而受到影响时，便会产生焦虑情绪，而这种不好的精神状态会反过来影响其工作和生活，从而形成恶性循环。

因此，作为一个"社恐"，当你遇到以下四种焦虑状况时，一定要警惕起来。

第一，着装焦虑。这种焦虑通常出现在女性身上，她们总觉得自己不会打扮，整个人看上去土里土气，为此情绪低沉，心情不佳，焦虑不已。

第二，同事焦虑。有些人业务能力极强，不管走到哪里都能得到领导的认可，可是到哪里都待不长久，而他们频频跳槽的原因竟然是和同事相处不好。有时他们会怀疑同事针对自己，有时他们会觉得自己遭到了同事的诬陷和造谣，总之，就是认为大家都在排挤自己、容不下自己。于是，他们在焦虑情绪的作用下不断逃避。

第三，谈判焦虑。李先生担任某公司副总经理一职。他的业务能力很好，为公司创造了丰厚的营收。可他这次跟随总经理到某公司去谈判，内心承受着很大的压力和焦虑。原因是他的普通话水平不高，而且对这边的政策和风俗也不太了解，再加上总经理要求严格，他的心态就更加不好了。随着谈判走向失败，他的焦虑情绪更加严重。

第四，媒体焦虑。小赵是某公司的一名研究员。近年来，他的研究成绩特别突出，因此频频受到媒体的采访，而随着露面机会的增多，他内心的焦虑情绪也日益严重。后来，他可以专心研究的时间越来越少，所以他对媒体的采访越来越反感，有一次甚至和记者吵了起来。经过心理测试，他发现自己患上了焦虑性神经症。

除了上面提到的焦虑表现，还有餐桌焦虑、校友焦虑、亲友焦虑等。种种和"社恐"有关的焦虑情绪纵横交织，像病菌一样侵蚀着人们的精神和肌体，这不仅会影响人们的人际关系，而且还会对其身心产生不利的影响。那么，为什么会出现这种情况呢？通常来说，人们的社交焦虑主要是由以下四个方面产生的：

首先，很多人性情急躁，做什么事情都希望立刻有一个理想的效果，一旦不能立竿见影，就心急如焚，在精神方面全面溃败。

其次，有些人比较自卑，认为自己做得不够出色，为了证明自己不差，总是喜欢和别人比较；而为了不在比较中被别人比下去，心理上便会产生焦虑，对自己的表现也越来越不满意。

再次，有些人的分工意识不明确，而且总喜欢往自己身上揽责任。殊不知一个问题的解决需要多方面的努力，仅仅依靠一个人的力量是完成不了的。最后事情无法如愿，而这些人接受不了这样的现实，觉得自己的努力和付出不成正比，便埋怨社会不公。

最后，很多人看待事物太绝对，总是用单一的标准去衡量事物，然后为它们打上好或者不好的标签。其实这样的想法是不对的，因为绝对化的评价方式常常会让自己陷入自我否定的怪圈，从而产生焦虑的情绪。

我们应该如何克服社交焦虑呢？下面提供六条有效建议。

1. 不要攀比，过好自己的生活

有些人总是喜欢和别人比较，在比较中证明自己的价值。可"天外有天，人外有人"，如果真要攀比，那世界上优秀的人那么多，根本比不过来。

所以，少点比较，就少点焦虑。另外，人群本就是多元的，就像大象、小兔、犀牛和长颈鹿不能相互比较一样，每个人都有自己独特的魅力，每个人的个性、能力、社会作用等各不相同，且无可替代。

明白了这一点后，我们就要扪心自问：我的生活目标是什么？我是谁？我今天有没有变得比昨天更好？学会正确认识自己，接纳自己的不足，以平和的心态对待他人的评价，内心的焦虑会减少很多。

2. 克服自己的完美主义

在我们的传统观念里，大家总是追求尽善尽美，不管什么事情都想做到百分百完美，言行举止都想给别人留下一个完美的印象，其实这就为焦虑埋下了伏笔。事实上，这个世界没有绝对的完美，在与人交往的时候，说错一句话，做错一件事，都是很正常的事情，改正就行了。当你有了这种松弛的心态之后，社交焦虑就一扫而空了。

### 3. 克服自卑

对于"社恐"的人而言，害怕与人交往的最大原因是自卑。因为内心缺乏力量感，所以说话做事没有底气，生怕一不小心说错话而遭到他人的耻笑。所以，想避免社交焦虑，首先要克服自卑，提升自己的自信，让自己坦然、真诚、自信、充满生命的活力，这样的你会充满人格魅力，无论在哪里都会受到欢迎。

### 4. 锻炼人际交往中的亲和力

亲和力的存在会帮助你在社交活动中获得好人缘。那么具体如何提升亲和力呢？首先，我们可以从外在形象着手，让自己的着装看起来大方得体，符合自己所处的场合，不要给人一种过于随意或者正式的感觉，以免拉开与他人的心理距离。其次，言谈举止尽量保持自信、友善、开朗的态度，这样双方的谈话氛围会更加轻松愉快；最后，我们还可以保持恰如其分的微笑，以此表达你的友好和热情。当你的亲和力提升了，人缘改善了，你的社交自信就回来了。

### 5. 不断练习和互动

社交技能的练成不是一蹴而就的。如果我们对自己的社交技能不自信，不妨私下多多练习，练习与人说话的语气、说话的内容，在不断的练习和改进中提升自己的社交技能。当你的社交技能提升了，焦虑症状自然就会得到缓解。

6. 学会循序渐进

如果你一开始应对不了复杂的场面，那就从安全舒适的环境开始，如与自己相对熟识的人打交道。克服了心理障碍，积累了更多的积极体验，你的自信心就会得到提升，此时再面对更复杂的社交环境就不会感到焦虑了。

以上就是克服社交恐惧的几种基本方法。不过，不管使用哪种方法，你都需要直面自己的社交恐惧和焦虑。只有勇敢面对它，你才有希望克服它，否则你将永远被困在社交焦虑的桎梏中，永远无法解脱。

## 深度剖析焦虑的根源

每到逢年过节，很多年轻人的内心都悲喜交加：喜的是又能抽空回家看看父母，感受久违的亲情；悲的是又要面对父母的催婚、催育，这让他们感到非常焦虑。

如果你是一个单身的人，亲戚长辈会轮番"轰炸"，催促你快点成家；如果你是一个已婚人士，那么他们会催你生孩子；如果你已经生了一个孩子，那么他们会催你生二胎、三胎。总之，大家都会打着"为你好"的旗号，给你制造各种焦虑。

年轻人在被家人各种催的同时，内心也暗藏着深深的焦虑。那么，他们为什么会对结婚生子产生焦虑呢？下面试着分析一下其中的原因。

第一，婚姻焦虑。

很多年轻人渴望的婚姻是这样的：下班后，与爱人一起买菜，回家一起做饭，饭后一起散步或者看电视；有时间可以一起去旅行，一起去爬山，一起去看望双方的父母，一起打扫卫生、做家务；没有背叛，没有谎言，没有欺骗，相濡以沫一辈子。

然而，现实生活是很难达到渴望中的"下班后两个人一起买菜，一起做饭，一起做家务，一起带娃"的理想。这是如今很多婚姻的真实写照。也正因如此，很多年轻人产生了严重的婚姻焦虑症，他们害怕走进婚姻会失去自我，活成大多数已婚男女的模样。

除了这个原因之外，有些人还因为在过往的恋爱经历中遭遇过欺骗和伤害，所以不敢轻易触碰感情和婚姻；另外，过大的经济压力也让年轻人对婚姻望而却步。居高不下的房价、高昂的结婚成本、攀升的养育成本像拦路虎一样，把很多本来想结婚的年轻人拦在了婚姻的门外。

第二，育儿焦虑。

如今，家长产生育儿焦虑的原因，无外乎以下三种。

1. 养育成本高

养育一个孩子的成本有多高？2024年发布的《中国生育

成本报告》显示，0—17岁，每个孩子平均花费53.8万元，如果到其本科毕业则平均花费约68万元！

这个金额对于一个普通的家庭来说无疑是个大数目。所以，当你问年轻人为什么不生育孩子时，他们会异口同声地回答："养不起。"

2. 担心孩子会影响自己的发展

越来越多的女性追求独立自由，她们不再把家庭当作自己的唯一，而是把事业当作终生奋斗的目标。她们明白，一旦开启生育模式，就意味着自己的职业进入瓶颈期，升职加薪基本无望，甚至会因为没有人帮忙照顾孩子而不得不辞职。

生育会给女性带来诸多不便。从身体上来说，生育后的女性会遭受一些生理困扰；而从生活上来讲，女性一旦生了孩子，第一要务就是回归家庭，照顾好孩子，全身心投入家庭琐事中，变得不再独立自由。"手心朝上"的日子让她们充满了不安全感，而生活中的琐碎也让她们对未来充满了绝望。考量生孩子的回报与付出如此不匹配后，很多女性都陷入了深深的焦虑。

3. 担心照顾不好孩子

在一档节目中，主持人问嘉宾为何选择丁克，嘉宾回答："我觉得没把握把孩子照顾好，把他教育成一个好人、一个人格健全的人。"

这个回答道出了太多已婚人士的心声！选择生孩子就

应该为他们的未来考量，而越想对孩子负责，焦虑情绪就越严重。

人们恐婚恐育还有一层重要原因：原生家庭的创伤未解决，所以他们对婚姻和生育很抗拒，根本不敢承接这样重大的人生任务。这样的焦虑情绪完全可以理解，婚姻和生育本就是人生大事，如果自己的内心都千疮百孔，又怎么奢望成家生子后日子会一下好转呢？

爱人先爱己，只有做好自己的心理建设，才是对家庭真正的负责。

## 情绪自救：
## 焦虑症的六点自我防护

焦虑已是一种心理疾病，随着社会结构、社会关系以及价值观念的变化，人们会越来越焦虑。如何缓解焦虑呢？以下是焦虑症的六点自我防护建议：

1. 有一个良好的心态

首先，要知足常乐。古人云，"事能知足心常惬"。对所走过的路要有满足感，不要总是追悔过去，认为自己当初这也不该那也不该。理智的人不在意过去留下的脚印，而注重开拓现实的道路。

其次，要保持心态稳定，不可大喜大悲。"笑一笑十年少，愁一愁白了头。""君子坦荡荡，小人长戚戚。"要心宽，凡事要想得开，要使自己的主观思想适应不断发展的客观现实。不要企图把客观事物纳入自己的主观思维轨道，这不仅做不到，反而极易诱发焦虑、忧郁、怨恨、悲伤、愤怒等消极情绪。

2. 自我疏导

消除轻微焦虑，主要是依靠个人。当我们出现焦虑时，首先，要意识到这是焦虑心理，要正视它，不要用自认为合理的其他理由来掩饰它的存在。其次，要树立起消除焦虑心理的信心，充分发挥主观能动性，运用注意力转移的原理及时消除焦虑。当我们的注意力被转移到新的事物上时，心理上产生的新体验有可能驱逐和取代焦虑，这是人们常用的一种方法。

3. 自我放松

活动你的下颚和四肢。一个人面临压力时，容易咬紧牙关，此时不妨放松下颚，左右摆动一会儿，以松弛肌肉、疏解压力。

你还可以做扩胸运动，因为许多人在焦虑时会出现肌肉紧绷的现象，引起呼吸困难，而呼吸不畅可能使原有的焦虑更严重。

欲恢复平稳的呼吸，不妨上下转动双肩，并配合深呼吸，举肩时吸气，松肩时呼气，如此反复数次。

4. 幻想

如闭上双眼，在脑海中创造一个优美宁静的环境，想象在大海边，波涛阵阵，海鸥在天空飞翔，而你光着脚丫，走在暖洋洋的海滩上，海风轻轻地拂着你的面颊……

5. 放声大喊

在公共场所，此方法或许不宜，但当你在某些地方，如山顶或自己的车内时，放声大喊是发泄情绪的好方法。不论是大吼还是尖叫，都可适时地宣泄焦躁。

6. 自我反省

有些神经性焦虑是由于患者长期对某些情绪体验或欲望进行压抑。此类人必须进行自我反省，把潜意识中的痛苦诉说出来；必要时可以发泄情绪，发泄后症状一般会消失。

　　焦虑是一种很常见的负面情绪，适度的焦虑可以充分调动身体各脏器的机能，提高大脑的反应速度和警觉性。但过度的焦虑会伤害我们的身心健康，此时需要通过以上六种方法加以调节，这样才不会被焦虑情绪困扰，进而影响正常的生活。

第三章

# 抑郁症自救：
# 真希望你也喜欢自己

当我们身患抑郁时，不可等闲视之，更不要羞于表达、求助，讳疾忌医会给我们带来更大的精神摧残和折磨。

——林语堂

抑郁症是一种常见的精神疾病，有高患病率、高复发率、高致残率和高致死率等特点，被称为"第一心理杀手"。抑郁症的危害不容小觑，当我们身患抑郁症时，积极配合治疗才是正确的选择。

## 抑郁症的十个前兆，你中招没有

"我要怎样才能不痛苦地活着？""我真的好累！""我对什么事情都不感兴趣！"这些都是抑郁患者的内心独白。

在人的一生中，以下三个时期较易得抑郁症，即青春期、中年及退休后。

抑郁的出现让人们的心情跌入谷底，常常伴有自我厌恶、痛苦、羞愧、自卑等情绪。它不分性别、不分年龄，很多人都有类似的糟糕体验。对大多数人来说，抑郁只是偶尔出现，历时较短，很快就会消失。但对有些人来说，这种消极的情绪状态会持续下去，而不能减轻。久而久之，抑郁情绪就会发展成抑郁症。

《2023年度中国精神心理健康》蓝皮书指出：目前，我国患抑郁症的人数达到了9500万，18岁以下的抑郁症患者占总人口的30.28%，超2800万人。也就是说，将近15个人中就有1个抑郁症患者，而且18岁以下的未成年群体患病率更高。

抑郁症在西方社会被称为"精神上的流行性感冒"，其传播范围广、影响大，对人体会造成很大的影响。可是有些人患上了抑郁症，自己却不知道，导致错过了治疗时机。我们不妨通过以下内容进行自测：

体重减轻，食欲减退；

持续性的悲伤、焦虑，或头脑空白；

失去活动的快乐和兴趣；

持续性的疲劳或精神不振；

持续性的心神不宁或急躁不安；

睡眠过多或过少；

注意力难以集中，记忆力下降，决策困难；

躯体症状持续，对治疗没有反应；

常常感到内疚、无望或者自身毫无价值；

出现自杀或死亡的想法。

如果你已经符合以上五个或更多症状，那就要引起警惕了，要及时调整心态和生活方式，防止抑郁朝着更严重的方向发展。

从上面的表述中可以看出，抑郁症患者几乎失去了感知快乐的能力，对周遭的事物失去了兴趣。对他们而言，每件事物都显得晦暗，一分一秒都是煎熬。通常来说，失眠让他们变得脾气暴躁，他们会心情烦闷地走一走、躺一躺，不知所措。大部分的抑郁症患者早期症状并不严重，他们除了能力降低、动作变慢之外，没有特别的地方。

不过随着病情的加重，他们还会出现如下症状：

第一，对外在事物漠不关心。在吃、睡及性方面会失去兴趣或出现困难，会滋生罪恶感及无用感。

第二，消化不良、便秘、头痛、胃痛、恶心、呼吸困难、慢性颈痛、背痛。很多抑郁症患者都有这些症状。此外，抑郁症还包括慢性疲劳症候群，他们睡觉的时间居多，没有食欲，出现便秘或腹泻的情况。

第三，抑郁症患者通常好幻想，喜退缩。这些人喜欢幻想一些天马行空的事情，如超能力。他们完全沉浸在脱离实际的幻想中，不愿意接触社会，而幻想只能使他们越陷越深。

一般来说，抑郁症的产生是一个负面情绪不断累积的过程。他们需要关心、理解、包容，但冷冰冰的现实不会给予他们这些，于是他们心态失衡，且一直没有得到调整，时间久了，负面情绪不断扩散影响，进而将这种影响固定下来，并在之后的时间里不断强化。

下面是一个抑郁症患者的心路历程。

小李因一时的疏忽犯了错误，受到上司的严厉批评。他觉得领导太苛刻，所以一脸不服，此时的他内心充满了怨恨、愤怒、不满。

他想返回自己的工位，私下发泄自己的情绪，可关门的时候由于太气愤、太用力，导致窗户上的玻璃被震碎，而掉下来的玻璃恰好砸在自己身上，这个时候他简直就是倒霉到了极点。

后来，他回到了家，而他的妈妈也举着拖把走到他面前，朝他怒吼："你个没出息的孩子，一天天就知道祸害家里，你看看你，弄得地板上全是水！"

　　妈妈的话深深地刺激了他，他开始自我怀疑：难道我真的不行吗？以后也没有希望了吗？后来，在没人开导的情况下，他渐渐变得情绪低落、思维迟缓、常闭门独居、疏远亲友、回避社交，妈妈这才发现自己的儿子不对劲，赶紧找心理医生引导治疗。

这些事情的起因就是小李遭受了领导的批评，在批评过后，他的心态失衡且没有及时调整，而是放纵了这种失衡心态，使自己一直徘徊在负面情绪中。时间久了，他就慢慢地抑郁了。

通常来说，患抑郁症的原因比较复杂，不仅仅是上面提到的这个原因。对于真正意义上的抑郁症患者来说，患病的原因通常有以下 11 种情况：

第一，遗传。抑郁症有一定的遗传因素。根据对有精神病家族史的抑郁症患者的调查，抑郁症患者的家属患同类疾病的概率是普通人的 15 倍，而且血缘关系越近，患病的概率越高。

第二，大脑中的神经传导物失去平衡。抑郁症起因于脑部管制情绪的区域受到干扰。大部分人都能处理日常的负面情绪，但是当压力超出其调整机能所能应对的范畴时，抑郁症就会不请自来。通常来说，一连串的挫折、失落、慢性病或生命中不受欢迎的重大决定等环境或社会因素都可能引发抑郁症。

第三，性格特质。通常来说，自卑、悲观、完美主义者及依赖性强的人患上抑郁症的概率更大。

第四，饮食习惯。根据心理学家的调查，某些食物会很明显地影响脑部的行为。比如，饮食习惯差及常吃零食。吃进去的食物会影响脑中负责管理我们行为的神经冲动传导物质。

第五，药物的副作用。药物也是引起抑郁症的原因之一。比如，以降压为主的药物，或者抗精神病类药物，很容易促使人们产生抑郁情绪。大家如果发现自己身体不适，应立即请医生诊断并改用其他药物。

第六，甲状腺问题。甲状腺与抑郁症状之间存在一定的关联。甲状腺激素可以影响人的大脑兴奋度，当激素分泌过少时，人体的整个代谢机能减慢，大脑兴奋度降低，抑郁随之产生，患者一般会感到疲劳、皮肤干燥、便秘和睡眠不正常。由此类原因引起的抑郁症，会随着甲状腺问题的解决而自然消失。

第七，糖尿病。有报道称30%~40%的糖尿病患者会并发抑郁症。也就是说，糖尿病也会诱发抑郁症。糖尿病患者（包括尚未明确诊断者）因为血液的含糖量过高可致乏力、疲倦和失眠，这些都是抑郁症的具体表现。

第八，节食减肥。节食可能会变成抑郁症的导火索。想减肥而过度节制饮食者，因抑制食欲而导致身体机能紊乱、精神萎靡，产生抑郁症的倾向。因此，应采取健康的减肥方法，使营养平衡。

第九，缺乏运动。研究表明，长期缺乏运动可能导致抑郁和焦虑等心理问题。人们从事积极的体育运动，可以释放体内的内啡肽和多巴胺等神经物质，有助于缓解压力和焦虑，从一定程度上避免抑郁症。

第十，日照不足。日照不足会使人患上抑郁症。患者多表现为焦虑、烦躁、精力下降，也有患者表现为睡得过多、食欲增加，不过这些症状往往会随着季节的更替而好转。

第十一，营养不均衡。人体没有得到充足的营养，活动水平降低，也可能会引起抑郁症。研究认为，不均衡的饮食结构会导致人的身体缺乏重要的营养元素，这可能影响脑部功能和化学物质的平衡，从而产生抑郁情绪，但这种概率较小。

## 别误会，抑郁真的不是矫情

人一旦有了抑郁的倾向，就会以悲观的视角看待世界，此时欢声笑语和幸福感基本与他无缘了。

如今，抑郁已经成为现代人生命健康的一大杀手。某作家曾在作品中描述抑郁症："忧郁像雾，难以形容。它是一种情感的陷落，是一种低潮的感觉状态。它的症状虽多，灰色是统一的韵调。冷漠，丧失兴趣，缺乏胃口，退缩，嗜睡，无法集中注意力，对自己不满，缺乏自信……不敢爱，不敢说，不敢愤怒，不敢决策……每一片落叶都敲碎心房，每一声鸟鸣都溅起泪滴，每一束眼光都蕴满孤独，每一个脚步都狐疑不定……"

在大多数人眼中，"抑郁症"一词，虽然在媒体杂志上看到过，但依然觉得与己无关，仿佛它离自己很遥远。有的人甚至认为身患抑郁症的人太矫情了，这是一个很严重的偏见。每当大家遭遇不好的事情，心情烦闷的时候，总喜欢用"郁闷"这个词形容自己。随着郁闷程度的加深、时间的加长，心烦意乱和闷闷不乐的感觉就会加重。这种郁闷心态得不到及时调整，长此以往，可能会逐渐发展为抑郁症。

当一个人患上抑郁症时，他会情绪低落、闷闷不乐，逐渐发展为悲痛欲绝或精神麻木，严重者可能出现幻觉、妄想等精神病性症状。虽然我们的医学进步了，但抑郁症依旧困扰着很多人。它就像病菌一般侵蚀着人们的身心，使人们丧失了生存的信念。

张浩以第一名的优异成绩考上了县一中。来到县城，他虽然自信满满，可也倍觉压力。面对从山村到县城环境的巨大变化，张浩不知该如何适应。从高一下学期开始，他吃不好、睡不好，并且这种情况越来越严重:在三个多月的时间里,他每天只能睡三四个小时,而且稍微有点动静就惊醒。

与此同时,张浩的性格也发生了巨大变化。原来活泼开朗的他,越来越沉默寡言,整天独来独往,情绪也很低落,成绩更是一落千丈。

很快,高中三年过去了,不出意外,张浩的高考以失败告终,这使得他不得不选择复读。

复读带来的压力、对三年高中生活的悔恨和对下一次高考的恐惧使得张浩持续失眠。只要不睡觉,悲观和绝望就深深缠绕在他的心头。

张浩的情绪开始失控,"我实在是太痛苦了,没有一天不在压抑中度过。每天早上醒来,不论外面的阳光多么好,我都觉得没意思。整颗心似乎被什么东西捆绑着,接近窒息"。

发现张浩的痛苦后,班主任老师陪着痛苦的张浩走进了学校的心理辅导室。在心理医生的指导下,他敞开心扉,诉说了自己的情况。

后来,心理医生不断地开导张浩,让他感受到父母的亲情、同学的善意、世间的温暖,他的心态渐渐地发生了扭转,他也终于露出了久违的笑容,并在高考时考上了一所不错的大学。

张浩无疑是幸运的，他在心理医生的帮助下最终走了出来。

如果你感觉到了自己的抑郁，一定要调整心态，以乐观的姿态面对生活；有必要的话，还可以寻找心理专家的帮助。

## 抑郁症的背后，都是放不下的执念

一天，一位年轻人拿着两个花瓶来到心理学家面前，准备送给心理学家。

心理学家对年轻人说："放下！"

年轻人放下了左手的花瓶。

心理学家又说："放下！"

年轻人又把另外一只手里的花瓶也放下了。

然而，心理学家还是对他说："放下！"

这时，年轻人疑惑不解，他觉得自己已经把两个花瓶都放下了，还有什么可以放下的呢？

心理学家解释道："我让你放下的并不是花瓶，而是你的情绪、思维、知见、态度。当你把这些统统放下，你就会看透一切，心灵得到释放。"

年轻人这才恍然大悟，他按照心理学家的指示去做，顿时倍感轻松惬意。

在这个故事里，心理学家让年轻人放下的不是肉眼可见的东西，而是心中难以看见的东西——情绪、思维、知见、态度。在我们的生活中，大部分的人心中都背负了很多东西，如权势、金钱、荣誉等，这些东西看似美好，却会给我们的心灵增加很多负担，也是人生辛苦的根源；把握不好分寸，就会发展成抑郁情绪，压得我们喘不过气来。如果我们也能像心理学家的那样，将心灵的重担卸下，那压力自然就烟消云散了，心境也会豁然开朗！

人生中有些事情是无关紧要的，我们只有学会放下，才能够腾出时间和精力抓住真正属于我们的快乐和幸福。一位作家曾这样说过："我不会'抓紧'任何我拥有的东西。当我抓紧什么东西时，我才会失去它，如果我'抓紧'爱，我也许就完全没有爱，如果我'抓紧'金钱，它便毫无价值。想要体验快乐的方法，就是将这些东西统统'放掉'。"

很多人都做不到放下，他们常常被自己的执念囚禁一生。有些人不能放下金钱，有些人受困于爱情，还有些人执着于名利，于是很多悲剧就此酿成。

虽然现在人们的生活水平提升了，但是在各种欲望的支配下，还是会面对各种有形无形的压力，过得身心疲惫。只要你生活在这凡尘俗世，这些压力就是不可避免的，唯一的办法就是"放下",哪怕是短暂地"放下",你的内心也能获得片刻的欢愉。

人最强大的时候或许不是坚持的时候,而是"放下"的时候。执于一念,将受困于一念;一念放下,万般自在。

一个大学生每天都很疲劳,他一边要完成学业,一边还要在餐馆打工,繁重的任务让他每天很晚才能躺在床上。每当他一头栽倒在床上时,他都会情不自禁地长长叹一口气。他想:这声叹息和自己奶奶以前的叹息何曾相似。那时候他和奶奶生活在一起,每天晚上都会听到她老人家长长地"唉"一下,尚且年幼的他一点也不能理解,也很不喜欢,听着很刺耳,也很烦躁。

如今他身处异乡,倍感艰难,终于理解了这一声"唉"的含义,这不是泄气,不是抱怨,而是让自己从白天繁忙的工作中解脱出来,是将自己背负的重担暂时卸下来。换句话说,每当他"唉"完这一声,心里就顿感轻松了不少,伴着坦然又松弛的心态,他很快就进入睡眠状态。等到养足精神,蓄好体力,他又能干劲十足地面对新一天的学习和工作任务。

生而为人,我们总会因为各种事情而烦恼苦闷、抑郁纠结，这是一件很正常的事情。此时，对于我们来说，最重要的是要学会"放下"。我们可以像故事里的大学生一样，通过一声"唉"暂时卸下心里的重担，也可以通过读书、运动、睡觉、郊游、聊天、下棋、做按摩等缓解自己的负面情绪。另外，我们还要正确地评价自己，找准定位，不要因为自卑而心生烦闷，更不要过于追求完美而与自己过不去。凡事须量力而行，根据自己的能力选择合适的目标，这样既能积极进取，又能知足常乐。

生活中的烦恼不可避免，我们能做的只有改变自己，像雪松那样富有弹性，主动弯下身来，放下重负，这样才能为后面的挺立创造条件。这主动的弯曲并不是低头，也并非意味着失败，而是一种"放下"的艺术。

## 人生没什么不可放下

一个名叫吉姆的人在不惑之年意外获得了一笔遗产，拥有了一家资产达 30 多亿美元的公司。然而，面对这笔巨额财富，他却没有表现出一点兴奋，而是很淡定地把它们都捐了出去。人们对他的行为困惑不已，他却说："这笔钱对于我来说，无关紧要，如今捐掉它，就是去掉了我的负担。"有一次，他的公司因为海啸的袭击直接损失了1亿多美元，可他依旧不急不忙，在他看来，自己纵然失去了1亿多美元，但还是比普通人富有几百倍。还有一次，他的一个孩子出了车祸，不幸离世，尽管内心很痛苦，他还是自我安慰："我有5个孩子，失去1个痛苦，还有4个幸福。"吉姆这种看淡得失、放下一切的态度让他能直面生活。

一个人幸福与否，不在于他能得到多少东西，而在于他能放下多少东西。放下生活中的琐事、放下工作中的烦恼、放下对名利的追逐，心灵就会获得前所未有的洒脱和自由……

有人说："'放下'这两个字说起来容易，做起来难。有了地位，就放不下地位；有了财富，就放不下财富；有了欲念，就放不下欲念。在这个世界上，能够真正做到'放下'的人很少！"

有的娱乐明星接受记者采访时总是说："我真想过平常人的日子！"他们这么说，好像名、利都是别人一定要放在他们身上一样。直到有一天，人过气了，再也红不起来了，他们真的归于平淡了，又不甘心，想尽办法让自己再红起来。

在生活中，大部分人都放不下、舍不得。有人对功名利禄放不下，所以会不择手段；有人对金钱富贵放不下，所以会走歪门邪道；有人对爱情婚姻放不下，所以会尝到恋爱的各种滋味。

> 一个小和尚跟着师父下山化缘，在一条小河边，他们碰到一位姑娘在掩面哭泣，一问才知道原来河水湍急，姑娘不敢过河，急哭了。老和尚说："我背你过去吧。"说完他就把那位姑娘背过了河。之后，师徒继续赶路，小和尚心中却升起一团疑云：佛门子弟不是讲究男女授受不亲吗？他心里这样想，又不敢说，就这样，心情沉重的他一直走了20多里地。最后，小和尚实在憋不住了，说出了心中的困惑。老和尚回头，看了他一眼，意味深长地说："你看，我把那位姑娘背过了河就放下了，你却背着她走了20多里地。"

小和尚之所以感到内心沉重，是因为他把"男女授受不亲"的观念一直放在心上，没有在应该放下时放下，所以烦恼一直缠绕着他，而老和尚之所以内心轻松自在，是因为他早就把这个观念放下了。现实中的很多压力也是如此，其本身的威力并不大，可是我们一直背着不放，所以才感觉疲累。

生活中有很多被抑郁折磨的人，他们常常执着于他人的评价，放不下功名利禄，看不透世俗纷扰，所以痛苦万分。可是当你的身体因为抑郁而亮起红灯时，你会发现之前看重的东西都变得无足轻重了，只有卸下心灵负担，你才能回归快乐、坦然、宁静的生活。

遇到放不下的事，不妨问问自己：成天把这些事放在心上，压得心又沉又痛，对人生有帮助、有改变吗？再问问自己，是不是还有比你更艰难的人，如果这些人都能够挺过去、能够放下，你还有什么放不下的呢？

人生没什么不可放下。弘一法师说："无多言，多言多败；无多事，多事多患。"不要让欲望和诱惑迷乱了内心。人生没有那么长，何必跟自己过不去呢！会"放下"的人，才是真正懂得生活的人。生命的意义，不在于"拿起"，而在于"放下"。幸福就在一拿一放之间。"放下"，才是幸福。

## 缓解抑郁情绪，走出抑郁阴影

一个人要想改变自己的生活习惯，看起来并不困难，但是要想改变自己的抑郁心理，却非易事。因为抑郁代表着一种消极的意识和自我折磨的心态，我们要想把它从身体和思想里拔掉，并不容易，除非你是一个情绪控制能力很强的人。

抑郁症不是单一的病症，它有很多种类型，因此每个抑郁症患者的表现也各不相同。但不管你身患哪种抑郁症，你的身心都会遭到很严重的伤害。我们要想摆脱抑郁阴影,重获新生,那就一定要找到切实可行的方法。

下面介绍四种缓解抑郁情绪的方法,希望能对抑郁的缓解有所帮助。

1. 合理宣泄

前面曾提及,有些抑郁症患者是因为长期心态不平衡,在抑郁情绪中沉沦,所以才患上抑郁症。对于这部分人来说,找到一个合适的宣泄口,把心中的委屈和辛酸向外倾吐出来,把令自己愤怒、抑郁的事讲出来,心里就会舒服很多。

当然,宣泄的方式有很多种,除了与信任的人交流沟通之外,我们还可以参与群体性的体育活动,如打篮球、踢足球、跑步等,利用运动的方式排解心中的不快。此外,我们还可以培养自己的兴趣爱好,如写字、画画、唱歌等,做自己喜欢做的事情,以此舒缓心情、排解烦恼。

2. 换一种方式生活

抑郁症患者的生活是机械而枯燥的。在这种生活状态下,人的精神很难好起来。所以,我们要更好地对抗抑郁,要制订出一个全新的生活计划。比如,坐在花园里看书、外出访友或散步。这些新的生活方式可以给人带来全新的体验,也会让人的心情感到愉悦,从而忘却原本的烦恼。

3. 拒绝完美主义

随着生活节奏的不断加快,人们的各种心理问题也日益凸显，一些日常生活压力大的人更是成为抑郁症的高发人群。

为什么会出现这样的情况呢？经过研究发现，人们追求完美主义的心理极易引发心理疾病，他们害怕自己做得不好会影响到声誉、公众的评价。在这种思想压力下，他们会长期感到焦虑、不安，甚至内疚，这种压抑的情绪得不到缓解，自然而然地就会引发抑郁症或者其他的心理疾病。

有一句话叫"思维决定行为，行为决定结果"。如果你出现了抑郁的倾向，那么就要反思自己的思维方式是否出现了问题。你只有拒绝完美主义的思维模式，才能更快地从抑郁的牢笼里挣脱出来。

4. 克服抑郁中的自责

有时，抑郁是由家庭或重要关系的冲突、破裂而造成的。患有抑郁症的人并不会把过错推到别人身上，而是会陷入自责之中，他们认为自己对消极事件负有极大的责任。

为什么会出现这样的心态呢？首先，从生理因素来讲，抑郁症患者的脑部神经化学物质存在异常，这影响了他们的情绪和思维方式，给他们造成了自我认知的偏差，从而让他们出现了不该有的自责。其次，从社会因素来讲，社会上负面的评价和指责也会让抑郁症患者产生自责的情绪。最后，从心理因素来讲，抑郁症患者往往对自己高标准、严要求，而一旦达不到这个要求，就会产生自责情绪。在自责心理的推动下，他们的情况会越来越糟糕。所以，要想让这种情况有所改善，一定要克服自责心理,改正错误认知,一步步从失望和无助的深渊中走出来。

　　抑郁症已经成为一种常见的精神障碍疾病,其可怕之处不仅在于它所带来的身体疾病,更在于它所带来的自我毁灭。我们要正视自己的负面情绪,主动寻求解脱的办法,积极面对生活中的挫折和困境,成为生活中真正的勇士。

## 情绪自救：
## 松弛疗法，走出抑郁的世界

生活需要松弛感，凡事太过用力的人，过不好这一生。

其实，适度的松弛，能够让一个人做到不急不慢，不慌不忙，从容淡定，自在前行。如此，在复杂的生活当中，慢慢地接受自己，接受一切，允许一切发生。

对于抑郁症患者，除了依赖专业的心理学治疗，还可以采用松弛疗法。这是一种被世界各地广泛采用的方法，是一种低成本的减压方式。

具体来说，松弛疗法，又称放松疗法，是一种通过训练有意识地控制自身的心理生理活动、降低唤醒水平、改变机体紊乱功能的心理治疗方法。

松弛疗法认为，一个人的心情反应包含情绪与躯体两部分，而且情绪会随着躯体的反应而发生变化。至于躯体的反应，则是由自主神经系统控制的内分泌系统反应和受非自主神经系统控制的骨骼肌反应共同组成。前者不可随意操纵和控制，后者可以通过人们的意念来操纵。

换句话说，我们可以把骨骼肌控制下来，再间接地使情绪松弛下来，建立轻松的心情状态。在日常生活中，人们的心情抑郁、紧张时，不仅神经是紧绷的，就连身体各部分的肌肉反应也变得木讷且迟钝；而当紧绷的情绪松弛后，身体机能暂时还不能松弛下来，此时我们可通过按摩、沐浴、睡眠等方式促使其恢复正常。

基于这一原理，松弛疗法也可以通过如下几种方法让抑郁者的全身肌肉放松，从而进一步使心情保持轻松的状态。

1. 深呼吸

对于有抑郁情绪的人来说，深呼吸是一种既简单又有效的放松技巧。随着副交感神经系统被激活，人们的心态和情绪也能得到舒缓。

那么怎样进行深呼吸呢？具体来说，就是在吸气时要慢、要深，这样才能让气体充满肺泡；吐气的时候要吐干净，这样才能将废气全部排出，保证气体交换更充分。我们在进行深呼吸时，血液中的氧含量增加，有助于很快放松心情。

2. 展开想象

具体来说，就是通过想象某些场景或情境，来调节自己的情绪和心态。例如，设想自己在洗热水澡、在草地上漫步、踩着鹅卵石在没膝的溪水中探行、躺在海滩上让潮水一遍一遍地冲刷身体。在想象的过程中，为了让自己更好地沉浸其中，我们还可以增加声音、景象、气味等方面的细节。

3. 自己按摩

按摩是一种能够舒缓抑郁症状的有效方式。具体来说，全身按摩可以活动全身的皮肤，穴位按摩则是用手指点按身体的相应穴位，达到放松的目的。按摩时，还可以配合深呼吸增强放松效果。

按摩可以让抑郁症患者的身体释放出多巴胺和血清素等，有助于减轻抑郁症状；另外，按摩也可以促进血液循环、放松肌肉、舒缓紧张情绪，从而帮助他们缓解焦虑和压力。

松弛疗法是一种缓解抑郁的有效方法，相信上面提到的几种可以让我们达到心平气和、通体舒畅的目的。

第四章

# 逃避心理自救：不解决问题，就会成为问题

> 人就是这样，会本能地逃避最根本的问题，直到不得不面对。
>
> ——［日］松本清张

逃避是人类普遍存在的一种心理状态，被批评、被羞辱、被欺骗、被背叛、被打压等都会让我们产生逃避的心理。可逃避并不能让我们免于负面情绪的困扰，最理智的做法就是分析逃避的原因，建立正确的心态，勇于面对问题，这样才能从根本上解决问题。

## 面对羞辱，可以这样霸气反击

大千世界，无奇不有。我们每天都会遇到形形色色的人，也会经历各种各样的事。我们有时遇到素质低的人，遭到他们的羞辱，我们的自尊心会被严重践踏，情绪也低落到极点。这个时候，一些性格懦弱的人会选择逃避，自己默默消化不良情绪，独自咽下委屈和心酸。

与其懦弱逃避，不如用以下招式霸气反击。

1. 面对无赖，姑且承认，伺机反击

有一个常以愚弄他人为乐的人，名叫张三。这天早晨，他正在门口吃着面包，忽然看见一个老人牵着一只小狗走了过来。于是，他就喊道："喂，吃块面包吧！"老人说："谢谢您的好意，我已经吃过早饭了。"张三一本正经地说："我没问你呀，我问的是小狗。"说完得意地笑了。

老人以礼相待，反遭一顿羞辱。他非常气愤，又不想和无赖纠缠。老人打算抓住张三语言上的破绽，狠狠地反击他。老人猛然转过身子，对小狗说："出门时我问你路上会不会遇到朋友，你说不会。如果不是朋友，为什么人家会请你吃面包呢？"老人说完，牵着小狗扬长而去。

老人的反击力相当强。既然张三以和小狗说话的假设来侮辱老人，老人姑且承认张三的假设，借询问小狗来嘲弄张三与小狗是"朋友"的关系，令人拍手称快。

2. 面对当众羞辱，不妨机智赞赏

萧伯纳的《武装与人》首次公演，获得了很大成功。广大观众在剧终时要求萧伯纳上台，接受大家的祝贺。可是，当萧伯纳走上舞台，准备向观众致意时，突然有一个人对他大声喊道："萧伯纳，你的剧本糟透了，谁要看！收回去吧，停演吧！"

观众大吃一惊，心想，萧伯纳这回一定会气得浑身发抖，并用抗议来回答那个人的挑衅。谁知萧伯纳不但没有生气，反而笑容满面地向那个人深深地鞠了一躬，彬彬有礼地说："我的朋友，你说得很对，我完全同意你的意见。但遗憾的是，我们两个人反对这么多观众有什么用呢？就算我和你的意见一致，可我俩能阻止这场演出吗？"几句话引起全场一阵暴风雨般的掌声。那个故意寻衅的家伙在观众的掌声中灰溜溜地走了。

当众遭人指责是一件难堪的事情，但是萧伯纳一反常人的做法，没有对故意寻衅者反唇相讥，而是大度地赞赏了对方，使其失去锋芒，然后话锋一转，点明其孤立的地位，最终使对方不战而败。

3.反击无理行为时应切中要害

对无理行为进行语言反击时，不能说了半天不得要领，或词软话绵，而是要做到：打击点要准，一下子击中要害；反击力度要猛，一下子就使对方哑口无言。

有一天，彭斯在泰晤士河畔看到一个富翁被人从河里救起。富翁给了那个冒着生命危险救起他的人一块钱作为报酬。围观的路人都为这种无耻行径所激怒，要把富翁再投到河里去。彭斯上前阻止道："放了他吧，他自己很了解他的一条命值多少钱。"

对无理行为进行反击，可直言相告，但有时不宜锋芒毕露，露则太刚，刚则易折。有时，旁敲侧击、绵里藏针，反而更见力量，可使对方无辫子可抓，只得把自己种的苦果往自己肚里吞。

面对羞辱，既可以用上面提到的三种方法反击，也可以化羞辱为力量，锻炼韧性，成为强者，用能力去证明自己。不可以逃避，因为逃避解决不了任何问题，反而会招来更多的欺辱和打击。

## 烦恼不是用来逃避的，而是用来解决的

人在很多时候容易被烦恼和物欲所捆绑，被自己所束缚。面对烦恼，有些人选择勇敢面对，有些人则选择逃避。可逃避真的能解决问题吗？一团乱麻不会因为你搁置它，它就能自己解开。烦恼也是如此，而且随着时间的推移，一个烦恼可能还会引发其他麻烦，这样你的烦恼会成倍增加。

遇到烦恼，我们不能逃避，而应积极解决，具体该怎么办呢？关键的还是改变自己的认知，树立如下三个观念。

1. 不在无意义的小事上浪费心思

罗温娜太太是一位平静、沉着的女性，她好像从来没有忧虑过。有一天夜晚，她和友人坐在炉火前，当友人问她是不是因忧虑而烦恼过时，她就给友人讲述了下面的故事：

以前，我觉得我的生活差点被忧虑毁掉了。在我学会征服忧虑之前，我在自作自受的苦难中生活了11个年头。那时候我的脾气很坏，很急躁，总是生活在非常紧张的情绪之下。每个星期，我都要从家乘公共汽车去买东西。可是就算在买东西的时候，我也愁得要命——也许我又把电熨斗放在熨衣板上了；也许房子烧起来了；也许我的女佣人偷跑出去了，丢下了孩

子们；也许孩子们骑着自行车出去，被汽车撞了。我买东西的时候，常常会因担忧而冷汗直冒，然后冲出店去，搭上公共汽车回家，看看是不是一切都很好。我的丈夫是一个很平静、事事能够加以分析的人，从来没有为任何事情忧虑过。每次我神情紧张或焦虑的时候，他就会对我说："不要慌，让我们好好地想一想……"

你是否也像罗温娜太太那样整日做无谓的担忧呢？你真正担心的到底是什么？其实，当你回顾过去时，你会发现大部分的忧虑都毫无意义，甚至荒谬得可笑。

有个广为人知的成语——"杞人忧天"。一个成天担心天会塌下来，并为此寝食难安的人，他的生活会快乐吗？身心能够得到放松吗？当我们都在对杞人忧天嗤之以鼻的时候，我们是否该反思一下自己是不是也常常不自觉地成为一个"杞人"了呢？

不必为无意义的事情而担忧，与其担忧根本不可能发生的事情，不如认真地思考当前需要解决的实际问题。不在无谓的事情上耗费精力，不想没用的事，就会少一些烦恼。

2. 抓大放小，学会选择放弃不必要的东西

要做大事，必须统观全局，不可纠缠在小事之中。许多很有潜力的人正是被一些次要、渺小的东西阻挡了前进的步

伐，有些人甚至因为斤斤计较而毁了自己的一生。

处理事情的时候，一味地强调细枝末节，以偏概全，就会抓不住事物的主要矛盾。没有重点，头绪杂乱，不知道从哪里下手，就做不成任何事情。为什么总把眼光放在细枝末节上呢？不去纠缠小问题，选择最重要的方面，才是做事的方法。

3. 把复杂的问题简单化

其实，有很多小事都是我们夸大了它，有许多简单的问题因为被我们附加了很多不必要的步骤而变得复杂。梭罗有一句名言感人至深："简单点，再简单点！奢侈与舒适的生活，实际上妨碍了人类的进步。"当生活的需要被简化到最低限度时，生活反而更加充实。因为我们已经无须为了满足不必要的欲望而心烦气躁。简单不是粗陋，不是做作，而是一种真正的大彻大悟之后的升华。

简单地做人，简单地生活，想想也没什么不好。金钱、功名、出人头地、飞黄腾达，当然是一种人生，但能在灯红酒绿、斤斤计较、欲望和诱惑之外，不依附权势，不贪求金钱，心静如水，无怨无争，拥有一个简单的生活，不也是一种很惬意的人生吗？毕竟，你用不着挖空心思去追逐名利，用不着留意别人看你的眼神，没有锁链的心灵快乐而自由，随心所欲，想哭就哭，想笑就笑，虽不能活得出人头地、风风光光，但这有什么关系呢？

对待得失，我们不妨也简单一些。生活对每个人都是公平的，有得就有失，有失就有得，塞翁失马，焉知非福，得与失是可以相互转化的。只要拥有一颗平常心，去善待生活中的不平事，知足常乐，少一份嫉妒，多留一些时间和精力做自己喜欢的事，命运的光环自然会降落在你的头上。即使命不由己，也不必斤斤计较，"你走你的阳关道，我过我的独木桥"，你有你的活法，我有我的活法，眼睛里何必揉进一颗让自己难受的沙子！抛去名利，松开权欲，怀着简单的心走过自己轻松而快乐的人生。若干年后，我们回味起来时，就不会感到寂寞，不会牢骚满腹、怨天尤人。

在是非面前，我们也可以简单一些。每个人都是不一样的个体，我们不必去理会谁在背后说什么、谁在人前被人说什么，也不必理会谁投来的一抹轻蔑、谁给的一个白眼。对微妙的人际关系，不妨视而不见、充耳不闻，排除一切有形或者无形的干扰，不必计较自己是吃了亏还是占了便宜。只要拥有一颗正直的心，在是非面前，不纠缠、不计较，心中的阴霾就会一扫而空。

很多烦恼都是由人错误的认知而产生的。当你的认知改变时，你的烦恼就被一扫而空了。这个时候你就可以坦荡自在地生活，不用因为害怕烦恼而提心吊胆、小心翼翼。

## 面对背叛、欺骗，永远不要做逃兵

社会上不乏虚伪自私之人，他们把社交的技巧看作蒙骗对方并牟取私利的一种手段。但是，虚伪、伪装的东西是绝对经不起时间检验的，迟早会被人识破。当我们得知真相的那一刻，内心会非常难过，情绪也会异常崩溃，简直无法面对这一切。

有的人在遭受别人的背叛、欺骗时，会做一个不折不扣的逃兵。他们自欺欺人地认为，不去面对，这个事情就不曾发生。事实上，伤害客观存在，你就算逃避也无济于事。所以，当你遭遇他人的背叛时，与其选择逃避，不如振作精神，采取如下四种方式调整心情，重新出发。

1. 弄清楚对方背叛你的原因

很多时候，事情也许根本不是我们所想的那样，如果只是按照自己听到的盲目猜测，独自郁闷，甚至自我折磨，那实在是不明智的。如果有机会，你最好理顺自己的情绪，询问对方这么做的原因，只要他能坦诚地告诉你原委，尽管你们的关系无法再回到从前，但至少这份背叛不会变成一个人的心结，成为你心头永远解不开的疙瘩。通过对方的交代，你也有机会更加全面地审视自己，知晓自己的不足和缺点，完善自我。

## 2. 让自己忙碌起来

无论是谁，都无法接受朋友、爱人，抑或其他与自己关系亲密的人的背叛。但是，不接受也没有办法，事情已经发生了，茫然失措只会让背叛的人更得意。所以，你最好清醒过来，弄明白原委后，全身心地让自己投入工作或者其他更有意义的事情中。当你忙碌起来，不给消极情绪一点钻空子的机会后，随着工作方面的进展，你心中的阴霾也会一扫而空。

## 3. 专注于一件事情并以成功为最终目的

也许对方的背叛让你失去了一切，但所幸没有让你失去才气和兴趣，你还有充满智慧的大脑、勤快的双手和行走自如的双腿。更关键的是，你有更多时间和理由去做自己感兴趣却一直没有机会做的事情。如果你喜欢写作，那么就把自己的所有心思放在写作上，并以完成一部作品、大获成功为最终目的！想要让对方为自己的背叛后悔终生，最好的方法就是你在遭到背叛之后重新站起来，而且站得比以往更高。你不需要同情，你需要的是赞扬和刮目相看。当你利用悲愤的力量，在某个领域取得成功后，迎接你的不再是眼泪和叹息，而是掌声和赞誉。

## 4. 在自己喜欢的地方贴上暖暖的话语

独处时，过去的不幸就会一股脑儿地被我们记起，以至于白天刚刚建立的信心，一到晚上便全面崩溃。所以，为了时刻提醒自己要用积极的生活态度迎接明天，你可以在便签上写下各种鼓励的话语，画上大大的笑脸，贴在自己喜欢的地方，甚至贴上自己与儿时玩伴的照片，让自己一看到这些东西，内心就柔软起来，并开始回忆儿时美好的时光。一旦记忆里的画面变得温馨快乐，自己体内的悲伤情绪就会自动地消失不见。

此外，面对别人的背叛，我们要铭记教训，擦亮眼睛，远离如下六种不靠谱的人：

第一，志不同，道不合。真正的朋友，需有共同的理想和抱负。共同的奋斗目标是双方结交的基础。如果双方在这些方面相差极大，志不同，道不合，是很难有相同话题的，双方无法互相欣赏，就容易导致分道扬镳。

第二，俗友。朋友之间的谈话应多多涉及兴趣、爱好、志向及对某一事物的看法。如果朋友只与你谈物质利益，则可将其归于俗友之列。俗友对你虽无大害，但长期交往下去，一则浪费你的时间，二则难免使你变"俗"，因此不宜深交；况且这种俗友一般很现实，当你处于危难之中时，他不会对你伸出援助之手来支持你、帮助你。对这种朋友，仅做一般交往即可。

第三，悖人情者。亲情、爱情都是人之常情，如果一个人的行为显示出他在日常交往中，处世的态度有悖人情，那么这种人是不能与之交往的。这种人往往极其自私，为达目的不择手段，并惯于过河拆桥、落井下石，因此这种人不可深交。

第四，势利小人。如果某人非常势利，见利忘义，则不合适作为朋友出现在生活中。势利小人的一个通病是：在你得势时，他会极尽逢迎；当你失势时，他落井下石的速度超出想象。这种人不懂得什么是真诚，只知道追逐私利。因此，这种人不宜交往。

第五，酒肉朋友。酒肉朋友就是当你能给他们带来实惠时，他们表现得与你感情很好，但当你真正需要他们帮助时，他们却消失不见。

第六，两面三刀的人。有的人惯于表面一套，背后一套，与这样的人交往时，应该小心对待，多注意他周围的人对他的反应，在短期交往中很难发现这类人的性格特征，但接触时间长了你便会明白，这种两面三刀的人是千万不能与之结交的，不然他会令你大吃苦头。

俗话说，"吃一堑，长一智"。得到教训之后，我们一定要远离上面这六种人，以免受到二次伤害。

## 面对打压，这样做比逃避更管用

在生活中你有过被人打压的经历吗？打压你的人可能是你的上司，也可能仅仅是一个项目的负责人。你在这些人面前似乎总是没有发言权。你原以为做得相当出色的工作计划，一到他们手里就什么都不是；你认为自己完全可以升职加薪了，对方却根本不给你这样的机会；你总是自我检讨，按照对方提出的要求改变自己，但无论你如何改变，对方都能挑出毛病来。

打压你的人无处不在，这在职场中表现得尤其突出。虽然对方打压你的动机不一，使用的方式、方法也不同，但有一点相似，那就是讨厌你的人有这个权力去打压你，并且容易得逞。

面对打压，有的人比较懦弱，不敢发声，一味逃避，任由他人损害自己的利益。其实，这是一种消极的应对态度。"柿子专挑软的捏"，有人只会挑老实的欺负。如果你不做点什么，那么以后还会有更多的气要受。

一个员工总是受到部门经理的挑剔，无论他做什么工作，对方都能挑出毛病，并不留情面地给予批评。一开始，这个员工觉得自己可能真的很差劲，但是当他发觉对方有意跟他过不去后，就开始寻找原因，不再像以前那样什么事都做到完美，而是提前询问经理有没有建议，态度表现得谦虚而诚恳。见"嚣张"的下属开始向自己低头，经理的态度变好了很多。

一次，公司就一款产品的客户群体和市场向各部门征求意见，该员工原本有个很好的建议，但是经理并没有征求他的意见，只是随便跟几个同事了解了一下便递交了一份方案。不久，公司就这些意见展开了讨论，会上老板强调，如果大家现在还能想到什么好点子，可以再提出来。大好的机会来了，这个员工举手发言。他口齿伶俐，举止大方得体，更重要的是他的方案精妙绝伦，博得了满堂彩，并最终被定为新产品的推广方案，而他也顺利成为该产品推广的主要负责人。

能够做到大智若愚的人都是真正的聪明人，他们以这样的方式来保护自我。适时让自己表现得愚钝一点、低调一点也没有什么不好。

暂时的蛰伏，不代表一辈子都要蛰伏；暂时的低头，意味着未来可以永久抬头；暂时的忍让，为的是某一天的一飞冲天。

当我们遇到别人的打压时，除了低调行事之外，还要在对方放松警惕时，留意他的一言一行，摸清他的底细，掌握他的优势、劣势，学习他的长处，补足自己的短处。只有知己知彼，才能有对抗他的底气和实力。

人的惊人毅力不是随时随地都能爆发出来的，只有当遭遇挫折、遭受打击、面临危险和困境时，才会有超乎寻常的表现。因此，不妨感谢那些打压你的人，是他们让你懂得什么是百折不挠，什么是锲而不舍，什么是出人头地。

## 情绪自救：
## 不要逃避，而要直面"差评"

人都有一种相同的心理：喜欢听赞赏和表扬的话，不愿意听羞辱、打击、批评的话。一听到别人的"差评"，就心情不佳，忐忑不安，觉得失了面子。

这是一种不成熟的表现。真正成熟、有智慧的人遇到"差评"时，不逃避、不畏惧，并能够通过如下做法应对这样的场景。

1. 学会冷静、分析、自省

对于善意的批评，可以微笑着接受；对于恶意的中伤，尽可一笑置之。如果朋友一时冲动，在公开场合批评你，那么你不妨诚恳地请求对方换个地方交谈，告诉他："我们找个地方坐下谈好吗？"只要你们是好友，朋友定会顾及你的尊严，不会拒绝。这样一来，你既避开了窘境，也委婉地指出了对方的不分场合。

面对批评，你不应表现出不满或负面情绪，你应该虚心接受，因为批评你的人是你的朋友、导师、长辈。面对他人的批评，你应该做到：

（1）让对方坐下来慢慢讲，给他沏杯茶，有助于缓和紧张气氛。

（2）要有耐心，不能表现出强烈的厌烦，更不要拒绝批评，愤然离去，这会显得你没有度量。

（3）听别人把话讲完，无论如何都不能打断对方的讲话，相反要鼓励对方把话说完，这可以更有效地使对方变得平静，而你也可以心平气和地考虑对方的批评。

2. 换个角度看待领导的批评

领导批评下属，有时是发现了问题，需要及时纠正；有时是与部下保持或拉开一定的距离，突出自己的威信和尊严；有时是为了"杀一儆百"，不该受批评的人受批评是代人受过；等等。总之，搞清楚了领导批评你的原因，你便能把握情况并从容应对。

正确的批评有助于你明白事理，改正错误，并以此为戒；错误的批评也有可接受的出发点，因此批评的对与错本身并无太大的关系，关键是对你的影响如何。如果你处理得好，批评会成为有利的因素，会成为你前进的动力；如果你不服气、发牢骚，那么你的态度很有可能引发负面效应，激化你和领导的矛盾。

面对别人的"差评"，不要逃避，不要抵触，否则不利于修正自己的不良行为。真正有智慧的人能看淡别人的负面评价，并且以一颗积极进取的心窥探自己的不足，修正自己的行为，让自己再上一个台阶。

第五章

# 生气自救：可以生气，但不要越想越气

生气的人是一个复杂的动物，发出极度矛盾的信息，哀求着救助与关注，然而当这一切到来时，却又拒绝，希望无须语言就可以得到理解。

——［英］阿兰·德波顿

人与人相处，难免会产生矛盾与摩擦。于是很多人经常被愤怒情绪所困扰，丧失了理智思考的能力。我们要做的不是压抑愤怒，而是找到愤怒的根源，改变自己的认知，从而减轻愤怒带来的消极影响。

# 你为什么会有一个易怒体质

我们的周围有很多性格各异的人,他们有的温柔善良,有的幽默风趣,有的沉稳内敛,有的暴躁易怒。追溯历史,韩信就算经受了胯下之辱,依旧能忍住愤怒,而张飞则不一样,他性情暴躁,手下的人因为说错了几句话,就招来他的一顿毒打,他也因为自己的火暴脾气而丢了性命。为什么有些人像张飞一样,拥有易怒体质呢?很多人总喜欢把原因归结为先天因素:"我天生就这样。""我也没办法呀!"以此推脱自己的责任。可事实真如他们所说的那样,暴躁易怒的性格是先天的吗?

从前,有一位智者,充满智慧而又德高望重,因此常常有人千里迢迢来找他解惑,而他也用浅显易懂的话回答众人的问题。

有一天,一个年轻人向智者提问:"我天生脾气不太好,喜欢生气,不知道该如何改正。"

智者:"天生就不好?你把它拿出来给我看,我帮你改掉。"

年轻人:"不!我现在发不出脾气来,一碰到事情,那股先天的愤怒感就冲出来了,我根本控制不住自己。"

智者："如果现在没有，偶尔在和别人争执的时候，你的愤怒情绪才会出来，那就是自己造出来的，现在你却觉得这是先天带来的，把责任归咎于父母，实在是太不公平了。"

　　智者的话一下子点醒了这个年轻人，此后他再也没有轻易发过脾气。

　　这个意味深长的故事告诉我们，没有谁是天生的暴脾气，只要有心改正，坏脾气也是可以清除的。

　　科学研究也认为，人的易怒性格与其大脑神经系统有一定的关联。通常来说，大脑前额叶皮层（在前额骨后）的发育大多在一个人十一二岁的时候，此时青少年大量的神经连接正处于"改造"之中，而大脑前额叶皮层对感情、道德等情绪有所影响，并负责产生行动的神经冲动。

　　正是出于这个原因，我们常常看见青少年特别容易激动、情绪失控。不过等过了这个年龄阶段，大部分人会理智地控制自己的情绪。换句话说，一个人年龄小的时候，控制不住自己的脾气可以理解，而一个成年人依然如此，则无法自圆其说。

　　心理学家称："如果多年来我们一再遭遇委屈，我们情感的承受力就会耗尽。"这时就会出现两种情况：其一，我们会把多年来积压在心里的愤怒发泄在身边的人身上；其二就是变得抑郁，感情会渐渐枯萎，失去对生命的热情，变得对什么都不感兴趣。第一种情况会产生破坏性的行为，第二种情况就是绝望了。

生活中，愤怒无处不在：夫妻间吵架拌嘴，员工对老板的抱怨指责，孩子顶撞父母或者父母责骂孩子，甚至下班路上的拥堵也能让我们坐在车里，一边狂按喇叭一边破口大骂……

从小到大我们被一再告知发怒生气是不好的，那些直接或者间接的生活经验也让我们知道生气的破坏力有多大——失去朋友、得罪亲人或者丢掉饭碗。可问题是，当我们"怒从心头起"的时候，如果没有适当的渠道发泄，我们就会走向另一个极端——绝望。

因此，有了怒气的时候，不要憋在心里，而应当想办法进行疏导。

## 生气带来的危害远比想象严重

人生不如意事十之八九，尤其是对于心思敏感的人来说，遇到不如意的事情更是容易想不开，从而产生愤怒的情绪。生气对身体具有伤害作用，那么具体有哪些伤害呢？下面罗列出了六个方面的内容。

1. 加速心脏病的发作

我们在生气的时候，会明显感觉到心跳加快。这是因为心脏收缩力增强，而且心脏血流也有所增加。据美国哈佛大学医学院的研究，人们产生愤怒情绪后的两个小时内，急性冠脉综合征、缺血性和出血性中风、心肌梗死、心律失常等疾病发生的概率会提高。

2. 引发乳腺疾病

据相关的数据统计，大部分患有乳腺疾病的女性在平时都有生气、焦虑、压力大的心理特征。这些负面情绪的存在会导致孕酮减少，雌激素增加，最终引发乳腺疾病。

3. 肺功能受损

人在极度生气的时候呼吸会加快，由此产生的过度通气有可能导致呼吸性碱中毒，而人一旦出现这种情况，就会出现胸闷、四肢抽搐、口唇发麻的情况。

4. 消化系统受到伤害

当愤怒情绪涌出来的时候，大脑会分泌一种物质，这种物质会影响人的肠胃系统，进而使肠胃无法正常消化、吸收食物，肠胃的不适感也会随之而来。

5. 免疫力下降

人在生气的时候，会分泌出更多的皮质醇，而皮质醇的积累过多，就会影响免疫细胞功能的正常运转，使身体免疫力下降，进而引发疾病。美国哈佛大学研究表明，仅回想一次自己生气的经历，免疫系统功能就会被抑制六个小时。

6. 妇科疾病增加

女性的情绪波动会导致人体内分泌功能失调，激素分泌紊乱，妇科疾病也会随之而来，如子宫肌瘤、卵巢囊肿等。大量的临床病例表明，九成左右的女性在患上子宫肌瘤、卵巢囊肿等疾病之前，都有过被愤怒的情绪围绕的经历。

以上就是愤怒情绪给人带来的几种危害。在心理医生看来，好情绪就是最好的养生！不要再为一些小事就大发雷霆，我们在大吼大叫的时候，看似在发泄，实际上是在自我伤害。在愤怒情绪的控制下，一些冲动的、过激的话，既伤害我们爱的人，也伤害我们自己。

## 一个人的脾气来了，福气就走了

一对小夫妻去面馆吃面。等了半小时，面才端上来。面已经坨了，也凉了，很难吃，妻子忍不住抱怨了两句。丈夫突然暴躁地起身，端起面碗砸向店老板。面碗不偏不倚，砸在老板的太阳穴上，老板没来得及吭一声，便倒在地上昏死过去，店里顿时乱作一团。

不多时,警察和救护车都赶到面馆。暴躁的丈夫,就因为坏脾气,他将同时面临着破财救人和刑事拘留的灾祸。

尽管后来店老板被抢救过来,但却成了植物人,这对夫妻不得不卖了房子支付巨额的治疗费。因无法承受这种压力,妻子也和丈夫离了婚。好好的生活被丈夫的坏脾气毁得一干二净。

在生活中,诸如此类的不顺心之事比比皆是。一旦不顺心,就怒火中烧,就打打骂骂,最后毁掉的,也许会有他人,但绝对会有你自己。

发脾气往往解决不了问题,反而会把事情弄得更糟。就像那对吃面的小夫妻,仅仅因为一次坏脾气,就弄得倾家荡产,妻离子散。就像俗话说的:一个人的脾气来了,福气就走了。

人生不如意事十之八九。如果你的脾气火暴,那就难免从一个泥潭跌进另一个泥潭,周而复始,永无止境,一生都将在痛苦中度过。

一天,孙红失手摔坏了家里的花瓶,丈夫见状奚落了她一顿,她心里特别不高兴,饭吃到一半就不吃了,噘着嘴跑到卧室玩手机去了。

丈夫意识到自己也有错，于是开始哄她吃饭："别难过了，快过来吃饭，你看噘着嘴多难看。"并且顺手拿起镜子放在了妻子面前。谁知孙红拿过镜子，一下子摔得粉碎。

丈夫看到这样的情况，脾气也上来了：摔东西谁不会啊，你不是摔镜子吗？那我也摔给你看！他抓起床头柜上的水杯就往地上扔。孙红见丈夫发火并没多大的反应。丈夫这下更来气了，冲她吼道："不就是发脾气吗？你会我也会，大家一起摔好了。"孙红还是不想搭理他，只是在那儿默默地玩手机。

任何人都会有愤怒的情绪，当我们的怒气值爆表的时候，把气憋在心里也不是办法，容易把身体憋出毛病，可释放也要讲究方式方法。如果非要选择最"惊心动魄"的摔东西的方式宣泄自己的情绪，那一定是不明智的。就像上面故事中的夫妻俩，盛怒之下，气是出了，可东西砸坏了，到时候还要自己掏钱去换新的，想一想都不值得。

另外，一同砸坏的不只是家中物品，还有夫妻之间的感情。将来，即便夫妻二人和好了，吵架、摔东西时的凶狠样子依旧会深深地印在对方的脑海里，无法根除。等到下次遇到此类的分歧，二人依旧会很不自在。

因此，生气的时候，千万不要把毁坏物品作为发泄的出口，不管毁的是自己的，还是别人的，这都是一种错误的处理方式，最后买单的还是自己。

在各种人际关系中，最让人头疼的就是遇到脾气火暴、做事不计后果的人。这类人生气的时候，不会恪守底线，而是任由情绪失控，最后的结果是伤人伤己。

一般来说，性情暴躁易怒的人通常有以下四种表现：

第一，情绪不稳定。这类人看到别人对他们好，就掏心掏肺，加倍报答，但是遇到违背他们意愿的事，就会怒不可遏，甚至挥拳相向。

第二，多疑，不信任他人。一般来说，暴怒和敏感就像一对孪生兄弟，经常一起出现。暴躁的人往往对别人无意识的动作或轻微的失误非常敏感，在他们看来，这是对他们的不尊重。

第三，自尊心脆弱，怕被否定。这类人非常敏感，当别人做了某件事让他们失望时，他们为了挽回自尊心，会以愤怒的方式保护自己。

第四，没有安全感，怕失去。有些人是在父母的娇生惯养下长大的，自认为可以不受任何规则的约束，想怎么发火就怎么发火；还有一些人从小受父母打骂，内心缺乏安全感，动不动就以拳头示人。这种以极端的方式表现愤怒情绪的人，在伤害别人的同时，也伤害了自己。

生活中，有时候我们习惯用简单粗暴的方式解决问题，结果反而让事态走向严重化，而自己的感情、理智、自由、财产等宝贵的东西也在一阵阵的怒气中遭受损失。

## 不拿别人的错误惩罚自己

"生气是拿别人的过错误惩罚自己"，因此千万不要去生气、动怒，要心平气和地面对一切。

做到不生气并不难。心理医学研究表明，一个人心情舒畅，精神愉快，中枢神经系统处于最佳功能状态，那么这个人的内脏及内分泌活动在中枢神经系统调节下处于平衡状态，使得整个机体协调、充满活力，身体自然也很健康。

那么，如何才能做到不生气呢？

保持冷静的思考和稳定的情绪，遇事冷静，客观地做出分析和判断。想一想，这事确实值得你生气吗？认真地在心里问问自己，在下星期、明年或一百年后，现在让你感到生气的事还很重要吗？这可以帮助你检视、决定生气是否值得。

对自己要有自知之明，遇事要量力而行、适可而止，不要因逞强好胜而去做力不从心的事。

发怒之前，自己在心里数数。首先从 1 数到 10，再慢慢增加。当你数到 100 时，你就学会控制自己的情绪了。如你觉得有人令你生气，或以他们的愤怒控制你，那就说："等一下!"这么做会给你时间想想正在发生的事。谨记,你有权利要求自己用更多的时间去考虑问题。

树立"气大伤身"的健康认识。在你要生气的时候,不妨想想生气会给我们的身体带来哪些害处。久而久之,你就会控制住自己的脾气,不再生气了。

潇洒生活,胸襟宽阔,乐观豁达。日常生活中,要力争做到小事不计较,大事想得开。既然生气没用,那不如把不愉快当作生活中的小片段或者小插曲,就让它一笑而过吧!

多方面培养自己的兴趣与爱好,如书法、绘画、养花、下棋、听音乐、跳舞、打太极拳等,从事这些活动可以修身养性、陶冶情操、提升涵养。

保持和睦的家庭生活和友好的人际关系。在遇到问题时,和睦的家庭生活和友好的人际关系可以为我们提供支持。

## 真正的智者,不较真、不生气

罗曼·罗兰说过:"生命是建立在痛苦之上的,整个生活贯穿着痛苦。"人生很苦、很难,这些苦难让你心烦和愤怒。正因如此,我们才要找点乐趣,苦中作乐。换句话说,我们改变不了环境,但是可以改变自己的心态。很多烦心事的出现都是因为自己的心态出了问题,如果一个人不让自己烦恼,别人也很难让他烦恼、让他生气。

人的一生极为有限，在这有限的日子里，开心地过是一天，郁闷地过也是一天，为什么不让自己开心地过呢？无论是面对家庭，还是工作，我们都要时刻保持一颗平常心，不过分计较，好运来了淡然一笑，麻烦来了平静面对，始终保持愉快的心情，这样烦恼和愤怒就会绕道而行。

做人不能一点都不在乎，游戏人生，玩世不恭，但也不能太较真、认死理。老人言："水至清则无鱼，人至清则无友。"太认真了，就会对什么都看不惯，连一个朋友也容不下，就会把自己封闭和孤立起来，失去了与外界的沟通和交往。

桌面很平，但在高倍放大镜下就是凹凸不平的"黄土高坡"；居住的房间看起来干净卫生，但当阳光射进窗户时就会看到许多粉尘弥漫在空气当中。如果我们每天都带着放大镜和显微镜去看东西，恐怕世上没有多少可以吃的食物、可以喝的水、可以居住的环境了。如果用这种方式去看别人，世上也就没有美了，人人都是一身的毛病。

人活在世上难免要与别人打交道，对待别人的过失、缺陷，要宽容、大度一些，不要吹毛求疵、求全责备，可以求大同存小异，甚至可以糊涂一些。如果一味地要"明察秋毫"，眼里揉不得沙子，过分挑剔，连一些鸡毛蒜皮的小事都要去论个是非曲直，争个输赢，别人就会日渐疏远你，最终自己就变成了孤家寡人。

要真正做到不较真，不是件很容易的事，需要善解人意的思维方法。有位顾客总是抱怨他家附近超市的女服务员整天沉着脸，谁见她都觉得好像自己欠她200元钱似的。后来他的妻子打听到这位女服务员的真实情况才知道，原来她的丈夫收入一般，上有老母瘫痪在床，下有七八岁的女儿患有先天性的哮喘，自己也下岗了，每月只有二三百元的下岗工资，一家人住在一间12平方米的小屋里，难怪她整天愁眉不展。至此，这位顾客再也不计较她的态度了，而是想法去帮助她。

在公共场所遇到一些不顺心的事，也用不着大动肝火。素不相识的人不小心冒犯了你可能是有原因的，也许是各种各样的烦心事搅在一起了，致使他心情糟糕，甚至行为失控，凑巧又让你给撞上了……其实，只要对方不是做出有辱人格或违法的事情，你大可不必去跟他计较，当以宽大为怀。假如跟别人斤斤计较，刀对刀、枪对枪地干起来，再弄出什么严重的事来，可真是太不值得了。跟萍水相逢的人斤斤计较，实在不是明智之举；跟见识浅的人斤斤计较，无疑是降低自己做人的档次。

提倡对某些事情不必太斤斤计较，可以"敷衍了事"，目的在于有更多的时间和精力去做我们认为值得干的重要事情，这样我们的快乐就多一分，收获也会更大。

另外，我们在工作、生活中，也要把握好分寸，凡事既不能不认真，又不能太认真。那么什么时候认真，什么时候不能太认真呢？这要具体情况具体分析。面对学术研究、重要的项目与任务时，要较真；处理数据、文件时，要较真；涉及安全与合规性的事项时，要较真；面对大是大非的原则性问题时，要较真。对于那些无关大局的琐事，就不必太斤斤计较了，这样你的负面情绪就会少一点。

## 合理情绪疗法：制怒良方

生活中令人生气的地方实在是太多了。美国耶鲁大学管理学院研究发现，四分之一的上班族经常生气。

你常生气吗？如果你经常生气，那么建议你使用制怒良方——合理情绪疗法。使用这个方法，来一场与怒气的心灵对话，可以彻底赶走怒气。

在心理学中，合理情绪疗法是由美国心理学家阿尔伯特·艾利斯于 20 世纪 50 年代创立的，所以又叫埃利斯情绪疗法。这位心理学家认为人的情绪和行为障碍不是由某一激发事件直接引起的，而是由经受这一事件的个体对它不正确的认知和评价所引起的信念，最后导致在特定情境下的情绪和行为后果，也被简称为"ABC 理论"。

在 ABC 理论模式中，A（activating event）是指诱发性事件；B（belief）是指个体在遇到诱发事件之后相应而生的信念,即他对这一事件的看法、解释和评价;C(consequence)是指在特定情境下,个体的情绪及行为结果。该理论认为,A是引发C的间接原因,B是引发C的直接原因。

举个简单的例子:一对夫妻计划外出游玩,走到一半的时候,妻子突然发现忘记带身份证了,而他们的旅游计划也因为妻子的粗心大意而不得不终止。此时,一旁的丈夫却没有责怪妻子,他说:"这次去不了,那我们就改下次吧,以后机会多的是,这次我们不如叫上几个好朋友来一次露天烧烤,这也是一件很开心的事情呢!"

用 ABC 理论看待这个案例:

事件 A:妻子忘记带身份证。

信念 B:丈夫觉得这次无法完成旅游并不是一件值得生气的大事。

行动 C:他们和朋友一起吃烧烤。

这个理论告诉我们,很多时候你是否会产生愤怒情绪,关键看你对这件事的态度和想法。如果我们自身有以下不合理的信念,就很容易滋生愤怒的情绪:

第一,绝对化要求。人们常常以自己的意愿为出发点,认为某事必须发生或必定不发生,如"我一定要成功""别人必须对我好""我应该怎么样"等。

第二,过分概括化。这是一种以偏概全的不合理的思维方式。它常常把"有时""某些"过分概括化为"总是""所有"等。比如，有些人一旦遭遇挫折就认为自己"一无是处，是没用的废物"。用艾利斯的话来说，这就好像凭一本书的封面来判定它内容的好坏一样。

第三，糟糕至极的结果。这种观念认为如果一件不好的事发生了，那将非常可怕、糟糕，偏向灾难化。比如，"我高考失利，那我这辈子就完了！""我在上司面前没有表现好，那我以后在公司就没法获得晋升了"等。

当我们通过 ABC 理论，了解怒气的由来时，愤怒情绪就会慢慢消散。在此过程中，新旧观念在激烈辩论，当你用客观、合理的思维推翻自己的旧有观念，转而建立新的合理观念时，你的愤怒情绪就会荡然无存。

## 情绪自救：制止冲动的方法

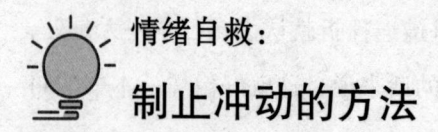

在非洲草原上，野马被吸血蝙蝠攻击的事情时有发生。这些蝙蝠看准马腿后，俯冲下去，用锋利的牙齿迅速刺破野马的腿，然后用尖尖的嘴吸血。野马无论怎么反抗，都无济于事。蝙蝠可以从容地吸附在野马身上，直到吸饱喝足，才满意地飞走。暴怒的野马则常常在蹦跳、狂奔、流血中迎接死神的到来。

事实上，野马也不一定非死不可。动物学家们研究发现，吸血蝙蝠所吸的血量是微不足道的，根本没有造成致命伤害，导致野马死亡的真正"凶手"是它暴怒的性格。它的愤怒让自己失去控制，最后在恐惧和疲惫的裹挟下流血而死。

如果我们遇事不能镇定自若，而是像野马一样暴怒、自乱阵脚，就很有可能自取灭亡。

《三国演义》中的刘备、关羽、张飞桃园结义，感情深厚。通过不断努力，他们在乱世中开辟出一方天地，拥有了自己的武装力量，事业蒸蒸日上。可是，从关羽大意失荆州开始，这份事业就开始走下坡路。先是关羽大意失了荆州，然后"败走麦城"被吴国袭杀；后来，张飞因为暴怒，酒后被部下暗杀；最后，刘备为给兄弟报仇发兵攻吴，结果惨败，病死在白帝城。这一连串的"倒霉事"都与三兄弟遇事不能很好地控制自己的情绪有关。关羽性情刚烈、疾恶如仇、刚愎自用，谁的意见也听不进去，这为他的失败埋下了伏笔；张飞为关羽报仇心切，情绪失控，鞭笞下属，之后被部将杀害；稳重的刘备在痛失关羽和张飞后，他不顾诸葛亮等人的苦苦规劝，执意伐吴，最后也落得个惨败的下场。

当一个人不能控制自己的情绪，心态变得浮躁，行为变得冲动时，命运就会像被推倒的多米诺骨牌一样，坏事连着坏事，霉运接着霉运。

在这个充满矛盾的世界上生活，生命中有喜有愁也是一件正常的事情。然而，无论是从生理健康还是心理健康来讲，碰到困难就大发脾气是有百害而无一利的。

林则徐从小就很聪明，但是他的性格极不稳定。对此，父亲林宾日很为他的将来担忧。为了让儿子改变不好的习惯，林宾日经常耳提面命地教育他。有一天，林宾日给林则徐讲了一个"急性子判官"的故事：这个判官从小就对父母很孝顺，而且他对不孝之子极为痛恨，看见虐待父母的人，必加重处罚。一日，两个贼人入户盗得一头耕牛，又把这家的儿子五花大绑押至县衙，向县官诉说了很多这家儿子不孝的罪过。县官一听此人竟然犯下如此重罪，二话不说就喝令衙役对其杖责五十。直到这家老母跌跌跄跄赶来说明事情原委，县官才知道自己犯了大错，可此时两个贼人早已逃得无影无踪了。

这个故事对林则徐影响很大。后来他做了高官，在府衙里长年挂着一块牌匾，上书"制怒"两个大字，时时刻刻提醒自己不要乱发脾气。在任两广总督时，有一次遇到不顺心的事情，林则徐气得把一只茶杯摔得粉碎。当他抬起头，看到"制怒"二字时，认识到自己又犯错了，立即撤走下人，亲自动手打扫摔碎的茶杯，以表示自己的后悔之意。

"怒"是人的七情之一，有很多负面影响。"怒伤肝""多怒则百脉不定""怒"的危害我们从这些口耳相传的话中就可以体会到。所以我们遇事要克制自己，尽量不要发怒，怒气一旦出现，要善于制怒。当然，在制怒的过程中，我们除了像林则徐那样提醒自己，还可以学习古人如下五种制止冲动的方法。

第一，佩物。《韩非子》中记载，春秋时，魏国邺令西门豹为了戒骄戒躁，便"佩韦以缓气"。"韦"是熟牛皮，西门豹取其质地柔软的特性以自戒。据说他每每忍不住动怒时，便摸一下身上的佩物，就好像也没那么生气了。

第二，写字。韩愈在《送高闲上人序》中说："往时张旭善草书，不治他伎。喜怒窘穷，忧悲愉佚，怨恨思慕，酣醉无聊，不平有动于心，必于草书焉发之。"意思是说，唐代的张旭，每当心中有怒气，便会借助草书表露出来。

第三，下棋。明代郑瑄在《昨非庵日纂》中写道，李纳性情急躁，易发脾气，可他一下棋，负面情绪就会得到缓解。所以久而久之，大家也了解了他的习性，见他脸色不对，便悄悄将棋盘摆在他面前。李纳见了棋盘，心情就会平复很多。

第四，面壁。晋朝有个人叫王述，脾气很大。有一天，他吃鸡蛋的时候，用筷子刺鸡蛋没有刺中，便将鸡蛋抛于地上。他越想越气，觉得要好好教训一下鸡蛋，就拾起地上的鸡蛋放在嘴里咬碎，再狠狠地吐出。就是这样一个能和鸡蛋置气的人，在必要时也能出奇地克制住情绪而不怒。有一次，他和谢奕发生了分歧，谢奕气势汹汹地找上门来，一通乱骂。王述却一声不吭，只是默默地面对墙壁而立。谢奕骂够了走了之后，王述才缓缓转过身来，继续刚才的事情。

第五，跑步。从前，有个人有一个很奇特的爱好，生气了就绕着自己的房子和土地跑三圈。后来随着房子和土地的增多，他跑得越来越远，也越来越多。很多人对此并不理解，他解释说："年轻时，一和人吵架、生气，我就绕着自己的房子和土地跑三圈，在跑的过程中想，自己的房子这么小，土地这么少，哪有时间与人置气，不如多做点事情改变家境；现在岁数大了，我边跑就边想，我的土地和房子都这么多、这么大了,这已经是上天的恩赐了,又何必与人计较呢?一想到这里我的气就消了。"

以上就是古人制怒的实用方法。作为一个现代人,我们也可以学习借鉴一番。我们只有平复了自己的怒气,才能以更好的精神状态做有意义的事情。

第六章

# 紧张自救：钝感力觉醒

一个人如果能够控制自己的激情、欲望和恐惧，那他就胜过国王。

——［英］约翰·弥尔顿

一个竞争激烈、快节奏、高效率的社会，不可避免地会给我们带来许多紧张和压力。当紧张情绪来袭时，我们要提前做好充分的准备，以此避免紧张情绪的干扰。另外，我们还要改变自己的认知，不把失败看得太重，也能有效缓解紧张的情绪。

## 不可避免的人生第一次

每个人一生都要经历无数个第一次：第一次走路、第一次演讲、第一次恋爱、第一次参加重要的会议……总之，当我们经历第一次的时候，因为缺乏经验，所以应对起来难免手忙脚乱、情绪紧张，这是很正常的事情。

当紧张情绪来袭时，我们通常大脑一片空白，失去表情管理，肌肉僵硬，手也不停地发抖，腿也发软，头冒虚汗，心跳加快。除此之外，交流沟通也不顺畅，语无伦次，结结巴巴，带有一定的颤音，内心充满了恐慌。总之，这是一种很糟糕的体验，但又无法避免。人生的道路充满坎坷是常态，坦途是偶尔。我们能做的就是锻炼自己的心理承受能力，这样才能在困难来临时，避开紧张的情绪。

从前，有个人觉得自己压力很大，每天过得焦虑、紧张，为了寻求心灵的解脱，便去见哲人。

哲人给他一个篓子，让他背在肩上，然后指着一条布满石子的路说："你每走一步就捡一块石头扔进去，看看有什么感受。"

过了一会儿，那人走到了路尽头，哲人问他有什么感受。那个人说："背上的东西越来越沉了！"

哲人说："当我们来到这个世界上时，我们每个人都背着一个空篓子,然而我们每走一步都要从这个世界上捡一样东西放进去,所以才有了越走越累的感觉。"

那人问:"有什么办法可以减轻这种沉重吗?"

哲人问他:"工作、爱情、家庭、友谊,你愿意把哪一样扔掉呢?"

那人无言地摇摇头。

哲人语重心长地说道:"当你感到沉重时,你也许应该庆幸自己不是什么大人物,因为他背的篓子比你的大多了,也沉重多了。"

哲人说的话不无道理。在世间生存,没有谁是不难的,就连那些大人物也不例外。我们越往后走,需要背负的东西越多。尤其是中年人,上有老人需要照顾,下有稚子需要抚养和教育,中间还有工作压着,总之,导致他们焦虑、紧张的因素实在是太多了。

负重而行当然是一种痛苦,但没有负过重就不可能体会无重的轻松惬意。没有负重而行也就无所谓责任,也就不可能取得成就,当然也体验不到上了坡后那种如释重负的轻松了。没有负重的生命是不完整的生命,没有负过重的人生是不圆满的人生。

既然压力不可避免,那么我们就要想想怎么解压,怎么才能更好地缓解自己焦虑、紧张的情绪。以下是三种实用的解压方法。

1. 明确自己的目标

只要目标明确了，在行动上就不要动摇。人是需要有明确目标的，这个目标是自己给自己树立的。有了目标，心理上也就拥有了强大的动力，任何压力带来的疲惫和痛苦在这种强大的动力面前都是微不足道的。当然，有了这种动力，你的紧张情绪也会缓解很多。

2. 学会衡量自己的能力

在尝试做一些事情之前，先衡量一下自己的能力，看看自己能否胜任这个任务。如果你觉得力所不能及，那就要慎重选择，否则它带给你的就只有沉重的压力和紧张的情绪。聪明人都懂得循序渐进，量力而行，一步一个台阶向上走。

3. 找到合适的解压方法

当我们压力大、情绪紧张时，可适当锻炼、调整呼吸、增加休息、放松心情等，具体采用哪种方法要因人而异。

未来的日子究竟如何，谁也预料不到。危险和考验总会相伴左右，我们能做的就是接受它们的存在，并且想方设法地去解决问题，缓解它们带来的恐惧、紧张和焦虑。这才是对待生活的正确态度。

## 警惕紧张情绪带来的健康隐患

人们在生活中经常会遇到突发的事件，这就要求人们及时而迅速地做出反应和决定，在这样的紧急情况下所产生的情绪体验就是紧张。

在平静状态下，人们的情绪变化差异还不是很明显，而当紧张情绪出现时，人们的心理差异立刻就会显现出来。紧张情绪在表现方式和结果上也是千差万别。更多时候，有经验的人更擅长处理紧急情况。性格、态度和心理素质水平也决定了在特定情况下人们能力及其处理结果的差异，但一个人如果经常处于紧张状态之下，他的情绪必定是紧绷的。

身心都处在长期紧张之中的人更容易表现出极端现象。研究表明，长期处于紧张状态会使人体内部的防御系统出现紊乱和瓦解，身体的抵抗力低下，更容易患病。所以我们不可能长期处于情绪高度紧张之中。

通常来说，人若长期处于超生理强度的紧张状态，会出现以下两种健康危害。

1. 身体方面

研究表明，长期的紧张情绪会导致激素的失衡，使免疫系统无法正常工作。免疫力的下降又会导致很多疾病。另外，紧张情绪会导致血压升高、心跳加快，这样我们患上心脏病的概率就会大大提升。

最后，长期的紧张情绪会加速细胞的老化，并导致细胞死亡。这样一来，我们的脸上会长皱纹，头上会生出白发，身体早早地出现衰老特征。

2. 心理方面

首先，长期的紧张情绪会导致大脑中的神经递质失衡，使我们更容易出现焦虑和抑郁等心理问题。其次，紧张情绪会导致大脑皮层中的神经元死亡，从而让我们的思维和记忆力受到影响。最后，紧张情绪会让我们的大脑处于兴奋状态，这样一来，我们的睡眠质量也会受到影响。

总而言之，长期的紧张情绪会对我们的身体和心理造成许多危害。我们要想有效消除紧张，享受放松人生，就要学会自我调节。比如，降低对自己的要求，改变自己争强好胜的性格，不过分在意别人对自己的看法和评价等。这些心态的改变都有利于缓解我们的紧张情绪。

## 有备无患，方能临危不乱

从前，有户人家盖了一幢崭新的房子，房子从整体来看宽阔明亮，住起来十分舒服，但美中不足的是房子里烧火的土灶烟囱砌得太直。一天，一位客人来访,这位客人环视一周后,对主人说:"你家的厨房应该整顿一下。"

"为什么呢?"主人问道。

客人回道:"因为你家的烟囱砌得太直,柴草放得离火太近。你应该将烟囱改得弯曲一些,而且柴草也应该搬离这里,不然的话,容易发生火灾。"

主人并没有把客人的话放在心上,事后也没有采取任何措施。后来,这户人家果然失火了。在邻居的帮助下,大火被扑灭。

为了酬谢邻居,主人杀牛备酒,办起了酒席。席间,主人按功劳大小依次请大家入座,唯独没有请那个建议改修烟囱、搬走柴草的人。这时,有人提醒主人说:"要是当初您听了那位客人的劝告,改建烟囱,搬走柴草,就不会造成今天的损失了,也用不着大费周章地酬谢大家。现在,您论功请客,怎么可以忘了那位事先提醒、劝告您的客人呢?难道提出防火的没有功,只有参加救火的人才算有功吗?"

主人这才恍然大悟,赶紧请来那位客人。在席间,他说了许多感激的话。事后,主人整修厨房时,按照那位客人的建议,把烟囱砌成弯曲的,把柴草放到了安全的地方。

不管做什么事，都要懂得未雨绸缪。如果缺乏这个意识，就会像故事中的主人一样，面临巨大的灾祸，而灾祸带来的是一系列紧张、焦虑、悲伤的情绪，甚至钱财的损失。

俗话说，"有备无患，方能临危不乱"。有了充足的准备，你的紧张情绪就会缓解很多。比如，在第一次面对客户的时候，你难免紧张得语无伦次。为了避免这种情况发生，你可以事先准备好谈判的相关资料，在脑海里厘清谈判的思路；谈判时需要说什么话、用什么表情、做什么肢体动作，你都可以提前在镜子前预演。当你把所有的东西都烂熟于心的时候，紧张情绪就会荡然无存。

## 失败一次又何妨

从前，有个男孩代表学校去市里参加英语朗诵比赛。结果他在比赛的时候因太过紧张，导致成绩很不理想。

事后，男孩惭愧地哭了起来，妈妈安慰他："孩子，你能参加比赛，就证明你很优秀，没有必要因为一次失败而哭泣。"

故事中的男孩之所以会紧张，很大程度上是因为他背负了太多的期望，很害怕失败，所以才出现了失误。假使他将这次比赛看得云淡风轻，毫不在意比赛的结果，那么他便可沉下心来全身心地应对比赛，而不至于让紧张的情绪影响了他的发挥。

所以，要想摆脱紧张的负面情绪，首先就要有一颗输得起的心。推销员弗兰克说："如果你是懦夫，那你就是自己最大的敌人；如果你是勇士，那你就是自己最好的朋友。"不惧怕失败，把失败当作一种历练和经验的积累，你就赢了。

有个人的简历是这样的：

22岁做生意——失败；

23岁竞选州议员——失败；

24岁做生意——再次失败；

25岁当选州议员；

26岁情人去世；

27岁精神崩溃；

29岁竞选州议长——失败；

34岁竞选国会议员——失败；

37岁当选国会议员；

46岁竞选参议员——失败；

47岁竞选副总统——失败；

49岁竞选参议员——再次失败；

51 岁当选美国总统。

他，就是亚伯拉罕·林肯。

失败是生活的常态，它传递出来的内容也常常让我们垂头丧气，难以接受。对于很多人来说，除了"死亡"之外，没有什么字眼能比"失败"更令人听而生畏。但是，我们又无法避免失败，就算林肯的一生，失败也是常事，更何况我们普通人呢？

所以，我们一定要告诉自己："失败没有什么好怕的，我能够战胜它！"当你接受了失败的存在，并且以一颗平常心对待它时，你会发现自己以前认为不行的事情，现在也可以做出很好的成绩，以前紧张焦虑的心态也会荡然无存，取而代之的是平静和坦然。

## 缓解紧张，要学会忙里偷闲

弘一法师说："静中，藏了一个争字；稳中，藏了一个急字；忍中，藏了一个刀字；忙中，藏了一个亡字。越想争，心越要静；越急，心越要稳；越忍，越要看清事态；越忙，越要照顾好自己。"

人生匆匆，我们总是在忙，忙着赚钱，忙着应酬，忙着享受，忙着担当。忙，带给人们的是紧张、焦虑的情绪。

社会要发展，人类要进步，忙自然是无法避免的，然而这并不意味着我们就一直要像上紧的发条一样，失去休闲的权利。人不仅需要工作，也需要休息；不仅需要忙碌，也需要放松。我们不能无休止地忙，如果人生没有休闲，就像一幅国画没有一点留白，就会缺乏美感。人如果一直在紧张的节奏里生活，那生命便失去了乐趣。

有一个猎人遇到了一件有趣的事情。有一天，他偶然发现村里一位十分严肃的老人正在与一只小鸡说话。猎人很奇怪，为什么一个生活严谨、不苟言笑的人会在没人时像一个小孩那样快乐呢？

他带着疑问去问老人，老人说："你为什么不把弓带在身边，并且时刻把弦扣上？"猎人说："天天把弦扣上，那么弦就失去弹性了。"老人便说："我和小鸡游戏，理由也一样。"

生活也一样，我们每天总有干不完的事。但是，你有没有仔细想过，如果天天都疲于奔命，最终这些让我们焦头烂额的事情会超过我们所能承受的极限。更重要的是，过度紧张的情绪不仅会导致身体不适，如头痛、腰酸背痛、肌肉抽搐、手脚发冷等，还有可能导致身体免疫力下降，使人更容易生病。另外，它也有可能引起抑郁和焦虑的症状，甚至损害人的社交关系。

　　这时，我们就需要换一种心情，放松一下。要学会放下工作，试着做一些其他的运动，以偷得片刻之闲，消除心中的紧张和烦闷。记得有一位网球运动员，每次比赛前都会一个人去打篮球。有人问他：为什么你不练网球？他说：打篮球时我没有丝毫压力，觉得十分愉快。对于他来说，换一种心态，换一种运动方式，就是最好的休闲。

　　我们可以试着改变自己。比如，回家的路上提前一站下车，花半小时慢慢步行，到公园里走走，或者什么都不做，什么也不想，就看看身边的景色，放松一下心情，肯定会有意想不到的效果。

　　泰戈尔在《飞鸟集》中写道："休息之隶属于工作，正如眼睑之隶属于眼睛。"不会休息的人就不会工作，只有休息好了，才能更好地工作，才会有更好的生活。如果一味盲目地去忙，让自己时刻处于紧张状态，很容易把自己的身体搞垮，而人生也就失去了忙的意义。

　　人生就像登山，不是为了登山而登山，而应着重于攀登中的观赏、感受与互动，如果忽略了沿途风光，也就体会不到其中的乐趣。人们最大的理想和希望便是过上幸福生活，而幸福生活是一个过程，不是忙碌一生后才能达到的一个顶点。

　　俗话说："磨刀不误砍柴工。"忙碌和休息并不是对立的，我们要放松紧张的神经，要能拿得起、放得下。工作时就一心一意，全情投入；放松时就把自己从工作中抽离出来，不要总是记挂着工作。生命中，关关难过关关过，重要的是，得时刻懂得自我反省。做任何事，时机未到时，要坚定，要忍，要容；时机到了，要稳，要静下心，要随缘。生活中的事，别急着要结果，这人生，各有渡口，各有各舟，要相信一切都自有安排。

多留些时间和空间，把自己的生命照看好，把自己的心灵安顿好，该来的，都在路上。

## 情绪自救：
## 消除紧张情绪的妙招

紧张情绪是一种常见的情绪状态，适度的紧张能够增强人的大脑兴奋程度，增强大脑的生理功能，使人思维敏捷、反应迅速，但过度的精神紧张会给人的身心健康带来明显的、严重的威胁，那么怎样做才能缓解过度紧张的情绪呢？

1. 畅所欲言

当你心中承受一定的压力时，你会紧张、焦虑；但当你把这些烦心事都畅所欲言地倾泻出去时，你的紧张情绪会得到明显的改善。提醒大家，倾诉的时候要找你信赖的、头脑冷静的人倾诉。比如，你的父亲或母亲、丈夫或妻子、挚友、老师、学校辅导员等。

2. 暂时避开

当事情不顺利时，你暂时避开一下，去看看电影或阅读一本书，或玩玩游戏，或去随便走走，换一个环境，这一切能使你放松下来。强迫自己"保持原来的情况，忍受下去"，无异于进行自我惩罚。当你的情绪趋于平静，而且你和其他相关的人均处于良好的状态，可以面对问题时，再着手解决你的问题。

### 3. 改掉乱发脾气的习惯

当你紧张、焦虑时,你的脾气会很火暴,会变得冲动,这时你应该尽量克制一下,把手头的事情先放一下,同时用节省下来的精力去做一些能让自己放松的事情。比如,做一些园艺、清洁、手工等,或者是打一场球,以平息自己的怒气。乱发脾气会加剧你的负面情绪。

### 4. 一次只做一件事

紧张状态下的人,有时连正常的工作量都完成不了。最聪明的办法是,先做最迫切的事,把全部精力都投入其中,一次只做一件,把其余的事暂且搁到一边。一旦你做好了,你会发现事情根本没有那么可怕。

### 5. 避开"超人"的冲动

有些人对自己的期望太高,经常处在担心和紧张的状态中。因为他们害怕达不成目标,他们对任何事物都要求尽善尽美。这种想法虽然好,可是也容易走向失败。没有一个人是能把所有的事都做得完美无缺的。所以,要先判断哪些事是你能做得成的,然后把主要精力投入其中,尽你最大的努力和能力去做。做不到时,则不要勉为其难。心态调整好了,情绪也会变得很平和。

### 6. 降低对别人的期待

有些人对别人期望太高,当别人达不到他们的期望时,便感到灰心、失望、焦虑、紧张。这个"别人"既可能是妻子、丈夫，也可能是他们要按照主观愿望培养的孩子。做一个松弛的人，不要去苛求别人的行为，而应发现其优点，并协助发扬优点。这不仅会使你心情放松，而且会使你对自己的看法更趋向正确。

7. 给别人可以超越的机会

当人们处于激动而紧张的情况时，他们总是想取胜、得第一，而把别人的劝告抛开。如果我们都如此想、都这样做，那么所有的事情就都变成了一场赛跑。其实，用不着这样。竞争具有感染性。你给别人可以超越的机会，不会妨碍自己的前途。如果别人感到你对他不是个阻碍时，他也不会给你制造阻碍。

当我们内心紧张的时候，可以给自己一些正面、积极的暗示，如"我能行""我可以做到"，这样也能让自己放松下来。

第七章

## 恐惧自救：
## 怕，就会输一辈子

> 我们唯一值得恐惧的是恐惧本身——这种难以名状、失去理智和毫无道理的恐惧，把人转退为进所需的种种努力化为泡影。
>
> ——[美]富兰克林·罗斯福

恐惧是一种强烈的焦虑、害怕的情绪表现，是消极的，它与焦虑症、惊恐障碍息息相关。这种情绪会给人带来很糟糕的情感体验，所以我们要学会控制、调节自己的恐惧情绪，要勇敢地面对引起恐惧的事物，消除恐惧情绪带来的负面影响。

## 你为什么会莫名其妙地恐惧

在生活中,很多人都说自己天不怕地不怕。事实上这些都是他们制造的假象。恐惧属于我们生命的一部分,所有人都无法躲避恐惧情绪的袭击,而且这些情绪会以不同的形式伴随着我们。

从心理学的角度来讲,恐惧是一种有机体企图摆脱、逃避某种情景又无能为力的情绪体验。恐惧作为一种心理活动状态,它的出现通常是因为有机体周围出现了不可预料、不可确定的因素。通常来说,这种无所适从的心理或生理的强烈反应只有人与生物才有。

另外,如果我们把恐惧情绪分类,可以将它分为正常的恐惧心理和非正常的恐惧心理。

例如,当我们遇到毒蛇、猛兽,或者身处黑暗且封闭的空间时,我们会产生恐惧的心理,我们将这种恐惧称为"正常的恐惧心理"。正常的恐惧心理可以训练我们应对真正的威胁。

美国马里兰州贝塞斯达国立卫生研究所的研究员史渥米说:"不知天高地厚的小猴子看到蛇,会目不转睛地跟它相互瞪眼,通常都不长命;如果母猴教得好,凡事小心谨慎的小猴子,反而不容易早死。"而哈佛大学心理系主任卡林也说:"养成凡事稍微害怕的心理,有个重要的作用:教我们明白四周环境里，有些东西必须十分注意、十分小心。这个本领是可以训练的。"由此可以看出，正常的恐惧可以有效启动和调节警报系统，帮助我们规避风险和伤害。

非正常的恐惧，则根据对象的不同，分为以下三种。

1. 广场恐惧症

顾名思义，广场恐惧症就是一参加公共广场集会或群众性狂欢，就出现病理性恐惧反应。而患者一旦离开广场，病情便随之减轻。换句话说，当广场恐惧症的人在商场、大百货公司里，登高，仰视高大建筑物，乘坐电梯、公共车辆、过江轮渡，穿过隧道、繁忙的马路以及走过很长的走廊时等都会产生恐惧反应。

心理学家经过深入研究发现，任何存在拥挤、封闭，使其感到无法逃脱或回避的环境，皆可导致这类人产生恐惧。他们一旦进入或留在这些地方，就会感到生命受到威胁，会发生晕厥，甚至失去控制。

广场恐惧症患者初期只对一两种环境产生恐惧和回避，如乘汽车恐惧时，改乘火车旅行尚能适应。只要有人陪伴，甚至是与爱犬同行，尚可出门办事。若不及时治疗，随着时间的推移，病情逐渐加重，症状泛化，会对上述任何场所、环境都产生被包围感和威胁性恐惧心理，伴随严重的回避行为。病情最重时将自己封闭在家，整天不能外出。

2. 社交恐惧症

社交恐惧症是指对特殊的人群产生强烈的恐惧、紧张的内心体验，以及出现回避反应的一类恐慌症，故又被称为"见人恐惧"。这类人平时不接触人群，见到自己的父母等熟悉、亲近的人，无恐惧、紧张现象。一旦遇到陌生人、异性、上级领导甚至马路上的行人都会恐惧紧张，出现拘束不安、手足无措、面红耳赤、心悸出汗、头昏呕吐、四肢颤抖等身心异常反应。同时本人会想方设法地加以回避，逃离现场，躲避人群，以求减轻心理不安。

社交恐惧症如不及时治疗，症状会逐渐发展，病情日益加重，恐惧对象逐渐扩大，最后发展到不敢外出，拒绝出席一切群体性社交活动，内心异常痛苦。

3. 单纯性恐惧症

除对环境和人物的恐惧外，其他都归入单纯性恐惧症。常见形式有如下几种：

（1）动物恐惧。害怕狗、猫、老鼠、昆虫等小动物，不敢碰摸，甚至不敢看，有时连对动物的玩具、图片和影视形象都感到紧张恐惧，竭力回避。

（2）疾病恐惧。患者害怕患特殊疾病，如心脏病、结核病、脑卒中或其他不治之症等。对癌症的心理恐惧，则被称为"恐癌症"。

（3）其他恐惧。其他恐惧的表现与具体恐惧对象有关，如见到鲜血产生恐惧,甚至突然晕厥,被称为"见血恐惧症"。

面对潜伏在骨子里的恐惧感,人们应该如何应对?

远古时代,人类就不断尝试借助各种方式减缓、约束或战胜恐惧。现代社会,科学家研究大自然的规律,思想家从哲学思维中探寻,但都没能成功地驱除恐惧。恐惧就像一把双刃剑,它虽然给我们带来不好的感受,但是当危难当头时,恐惧往往是一个信号或警告,激励我们打败它。所以,面对恐惧的理智做法是,接收害怕的信息,克服恐惧,让自己成长、成熟起来。如果一味地逃避它,不正面响应,则会停滞不前,无法走出困局。

## 战胜自卑,才能克服恐惧

在我们的生活中,有这样一类人,他们常常表现出卑微落魄的姿态,也正因自卑心作祟,所以他们在人际交往时无法克服恐惧的情绪。他们在与人交流的时候,不敢用平等的心态面对对方,看上去唯唯诺诺。这样的姿态,很容易被人瞧不起,而别人的鄙视、嘲讽、打压和欺凌会加剧他们的恐惧情绪,从而致使他们更加不敢与人交往,至此形成一种恶性循环。

很多人之所以有恐惧心理，就是自己的自卑心理在作祟。在与他人的交往中，也许别人根本没有看不起你，而是你自己在贬低自己。这些人的恐惧来源于不自信，他们认为自己有满身的缺点和毛病，是一个不幸的人，绝不可能取得其他人所能取得的成就。在自卑心理的驱动下，他们就会因为自我贬低而产生恐惧。

有一只黄鹂鸟，它生着一副极好的歌喉，但就是胆子小，不敢在大家面前放声唱歌。黄鹂鸟也知道自己的缺点，于是它便去寻找有学问的伙伴，向它们求教如何才能把胆子练大。黄鹂鸟先后找了老乌龟、猫头鹰、长颈鹿，甚至找到了老松鼠。每个伙伴都让它先唱一首歌来听听，然后再告诉它办法。为了找到变得胆大的办法，黄鹂鸟在每个伙伴面前都唱了一首歌。当它找到老松鼠的时候，它已经可以当着所有伙伴的面唱歌而没有丝毫胆怯了，于是老松鼠对它说："你已经找到了把胆子练大的方法了。"

这个故事所说的其实就是一种自信。黄鹂鸟虽有一副好歌喉，但因缺乏自信，所以在当众表演这件事情上总是有一些恐惧情绪。当它找到了自信后，不仅敢唱，还得到了动物们的喜欢和尊重。

自卑本身是一个贬义词，但从心理学的角度去看，自卑也是有正能量的。所以，心理学家阿德勒将这种自卑特性称为"对优越感的追求"。表面看来，自卑的负面体验是痛苦的，但从另外一个角度来说，适度的自卑本身也是一种激励，可以转化为一种动力，促使个体更加完美。

阿德勒在幼儿时期曾患有佝偻病，不仅身材矮小，还经历口吃、行动不便等身体方面的障碍。然而，幼年时期遭受的种种不平与歧视，成了他成长的磨炼，也成了他立志行医的契机。他以自己的自卑感为出发点，扩及人类可能普遍具有自卑感，以此奠定了学术的基础。换句话说，阿德勒将自卑感升华为对学问的好奇。

自卑和自信一样，都是有能量的，关键是看你怎么引导和运用它。在补偿心理的作用下，自卑感具有使人前进的反弹力。

萧逸是个导演，辛辛苦苦创作了一个系列的剧本，原本定好的男主角突然档期有冲突，萧逸在短时间内找不到合适的演员来演这部戏，最后只能自导自演。但是，他根本不敢站在镜头前，因为觉得自己模样和身材都不好。可如果不拍摄，那之前和兄弟们的努力就全白费了。于是他决定战胜自卑，开始减肥，力争变成自己心目中的理想形象。全家人一起吃饭时，他只能端着一碗水煮的青菜。大家觉得他不可理喻，都三十多岁了竟然还要减肥，但是在他连续健身四个月、吃了四个月的"健身餐"后，他成功地瘦了下来。虽然没有变成帅哥，但他对自身形象的自卑感消失了。

萧逸的自卑感之所以能够消失，是因为他积极应对自身形象不好的事实，而不是跟自卑对抗。很多时候，你根本没有必要和自卑战斗，因为上天给你的很多东西是没有办法改变的。如果要和自卑作战，那么这一辈子恐怕都无休无止。

换个角度，试着把自卑当成动力：因为学习不好而自卑，那么就去掌握一门技术，靠这门技术活出精彩人生；因为不好看而自卑，那就去充实头脑和锻炼身体，让自己拥有广博的知识和健康的体魄；因为工作而自卑，那就找到自己热爱的领域来绽放自己……

某主持人从小到大，因为性格文静不合群，个头不高，不像其他男生外向好动，为此他自卑了很多年。在长大成人后，他找到了自己喜欢的工作，在自我成就的过程中，自卑感不知什么时候就无影无踪了。

所以，当自卑来临的时候，你根本不需要恐惧与逃避，因为每个人都不完美，每个人都会因为自己的不完美而产生自卑心理，也会在人生的某个阶段产生自卑心理。所以，当你把自卑变成自己前进的动力时，一切都会截然不同。

## 乐观是抗拒恐惧的良药

在遭遇重大挫折的时候，很多悲观的人会想：我以后的一切都完了，我的好生活也走到了尽头。其实，我们每个人最大的敌人是自我怀疑和害怕失败。它们经常扯我们的后腿，不让我们去尝试，或在失败后给我们以打击；它们吸取我们的能量，使我们的能力只能发挥一小部分。

华盛顿·欧文说："消极思考的人会因为生活的不幸而变得胆小和畏怯，而积极思考的人只会因此而振作起来。"人一旦降临这个世界，便会被悲哀、愤怒、忧虑、愧疚和恐惧不间断地困扰，精神被套上沉重的枷锁。面对现实的挑战，你会产生恐惧的情绪吗？你能征服烦恼吗？你能够主宰自己的命运吗？

很多乐观的人都会给出肯定的回答。其实一个人能否战胜恐惧情绪，关键看他的认知评价系统是积极的还是消极的。

某个推销员经过实验，制造出了一种松脆的爆米花，但是因为成本高没有人肯买。

"我知道，只要人们一尝到这种爆米花就一定会买。"这个推销员对合伙人说。

"如果你有这么大的把握,为什么不自己去销售?"合伙人回答道。

万一这个项目失败了,合伙人可能会损失很多钱。在他这个年龄,他不敢冒这个险。所以,推销员用自己所有的资金聘请一家营销公司为他的爆米花设计名字和形象。不久,这款爆米花销量大增。这完全是他甘愿冒险的成果。

"我想,我之所以干劲十足,主要是因为有人说我注定会失败。"在成功后的某次采访中这位推销员平静地说,"那反而使我决心要证明他们错了。因为,我相信我会成功。"

困境不可怕,因为困境能给人宝贵的磨炼机会。只有经得起考验的人,才算是真正的强者。推销员正是抱着积极乐观的心态,才战胜了恐惧的情绪,从而在困境中取得了成功。

乌利希斯39岁时,为了购买保险而去检查身体,心电图表明他有冠状动脉阻塞迹象。保险公司拒绝为他投保。医生告诉他他只能再活一年半,而且还得放弃工作和体育活动,成天坐着不动才行。

但乌利希斯以坚定不移的决心否定了医生的预

言。多年来，他在坚持治疗的同时，保持着积极、快乐、幽默的心态和强烈的求生欲。

7年后，他还活着，但是，他又得了一种致命疾病——强直性脊柱炎。他又开始设计一个大胆的自我治疗方案：在服药的同时实行自我"幽默疗法"。他每天看滑稽电影和幽默读物。他后来说："我高兴地发现，10分钟真正的捧腹大笑能起到一种麻醉作用，至少能让我有2小时时间摆脱疼痛睡上一觉。"

66岁时，乌利希斯第三次与死神展开了较量。当时他的心脏病发作了。他深知在紧急情况下不能惊慌，所以他告诉自己：首要的是情绪不能激动，要平静，相信自己能支撑下去，一切都会好的。因此，他又平安地渡过了这次危机。

当我们身处困境时，恐惧情绪也会随之而来。但我们应该像乌利希斯那样，对生活更加乐观、更加充满希望，只有这样才能消除心中的恐惧，平静地面对困难。

## 越恐惧，越要有勇气面对

每一个成功者都知道，奋斗的过程绝不可能一帆风顺。

前进的道路上总会有暗礁险滩、狂风恶浪,当你身处其中无所适从的时候,一股恐惧情绪会向你袭来。此时,如果你像战士一样,勇敢地面对工作中的一切艰难险阻,不退缩,不轻言放弃,那么你就获得了再次成功的可能。

如果你没有这样的勇气,像一只"惊弓之鸟",那么事业上、生活中的任何一点风吹草动和坎坷磨难对你来说都是一场浩劫、一场不可避免的灾难,它们足以令你陷入惶惶不可终日的巨大恐惧之中。

有人说:"勇气,是通往成功的第一座桥梁。"在勇气面前,任何困难和挑战都是它的手下败将。

亨利·福特在取得成功之后,便成为众人羡慕的人物。有人觉得他是由于运气好,或者是得益于有影响力的朋友的帮助,或者说他本身就是一个管理天才,或者他具有常人所认为的形形色色的"秘诀"。

事实上只要是了解福特行事风格的人,完全知悉他成功的秘诀并不是这些。

亨利·福特决定改进 T 型车的发动机汽缸,制造一个被铸成一体的八个汽缸的引擎,他便让工程人员去设计。当时所有技术人员都认为制造这样的引擎是不可能的,他们一口回绝了老板的"无理要求"。

听完技术人员的解释后,福特没有气馁,更没有害怕失败带来的风险和损失,而是斩钉截铁地说:"无论如何都要生产这种引擎。"

"但是，"他们回答道，"这是不可能的。"

"我是绝不相信任何不可能的。去工作吧！"福特命令道，"坚持做这项工作，无论要用多少时间，直到你们完成这项工作为止。"

被他的气势所感染，负责技术的员工只好去工作了。半年过去了，工作没有任何进展。又过了半年，他们仍然没有成功。这些技术人员越是努力，这项工作就似乎越发"不可能"。

在这一年的年底，福特咨询技术人员时，他们再一次向他报告他们无法实现他的要求。

"继续工作。"福特义无反顾地说，"我需要它，我决心得到它。哪怕它是一只老虎，我也有勇气擒住它！"

最后的情形是怎样的呢？后来这种发动机被装在了最好的汽车上，使福特和他的公司把他们最有力的竞争者远远地抛到了后面。

福特的勇气给了技术人员争取成功的动力，也赶走了他们的畏难心理。于是他们只能孤注一掷，不断向前。最后用行动向世人证明，一个人越是恐惧，越要勇敢面对。只有勇敢才能把困难吓跑，只有勇敢才能看见胜利的曙光。

困难是火焰，强者视它为指路明灯，弱者见了它逃之夭夭。生活中，真正的勇者早已戒掉恐惧，敢于直面困难，他们具有非凡的勇气、决不罢休的气势，把一个个奇思妙想变成了现实，把一个个不可能变为了可能。

## 超越自我，勇敢迈出第一步

有人曾经做过一个实验：他往一个玻璃杯里放进一只跳蚤，发现跳蚤可以轻易地跳出来。重复几遍，结果还是一样。根据测试，跳蚤跳的高度一般可达到它身体高度的 400 倍左右，所以跳蚤称得上是动物界的跳高冠军。

接下来，实验者再次把这只跳蚤放进杯子，不过这次他立即在杯子上加了一个玻璃盖，跳蚤一次次跳起，一次次被撞，最后这只跳蚤跳起的高度只能在盖子以下。

一天后，实验者把盖子轻轻拿掉，跳蚤不知道盖子已经被拿走了，它还是在原来的高度继续跳。这只跳蚤已经无法跳出这个玻璃杯了。

现实生活中，是否也有许多人在过着这样的"跳蚤人生"？年轻时意气风发，不停地奋斗，但是事与愿违，屡屡失败。几次失败后，他们便丧失了与命运搏斗的勇气，变得畏畏缩缩，对生活充满了恐惧，再也无法突破曾经到达的高度，不再努力去追求成功，而是不断地降低标准，就此沉沦。

虽然前行道路上的"玻璃盖"已被取掉，但被失败带来的恐惧支配的人早已经撞怕了，不敢再跳，或者已经习惯了，不想再跳了。人们往往因为害怕失败，而甘愿忍受失败者的生活。难道跳蚤真的不能跳出这个杯子吗？绝对不是，只是它已经在心里默认了这个杯子的高度是自己无法超越的。

让这只跳蚤再次跳出这个玻璃杯的办法十分简单，只需拿一根小棒重重敲一下杯子，或者拿一盏酒精灯在杯底加热，当跳蚤热得受不了的时候，它就会一下子跳出去。人有时候也是这样。很多人不敢去追求成功，不是追求不到成功，而是因为他们在心里默认了一个"高度"，这个高度常常暗示自己：成功是不可能的，是没有办法做到的。

心理高度过低是人无法取得大成就的根本原因。我们要不要跳？能不能跳过心理高度？能不能成功？能获得多大的成功？这一切问题都取决于自我设限和自我暗示！

一个人在自己的生活经历和社会遭遇中，如何认识自我，在心里如何描绘自我形象，也就是你认为自己是一个什么样的人——成功或是失败的人、勇敢或是懦弱的人，将在很大程度上决定你的命运。你可能渺小，也可能伟大，这都取决于你对自己的认识和评价，取决于你的心理态度如何，取决于你能否靠自己去奋斗。

我们必须不断战胜自己和超越自己，只有自己才是自己最可怕和最强大的敌人，很多时候并不是自己被别人打败了，而是被自己的失败心理打败了！

我们要坚信自己的生活信念，不管遇到了多么严重的挫折，不论碰到了多么巨大的困难都不动摇。我们要永不言败，不断拓展自己的生活空间。

只要你能不断地突破自己已知的范围，进入未知的领域，不达目的誓不罢休，不断地去寻找新的解决方法，那么未来就有无数种成功的可能。即便多次碰壁，也不要恐惧，眼下遭遇的失败只能说明我们已知范围内的方法已经用尽，只要你能够不断地去尝试新的事物、新的机会、新的方法，不断地去突破自我、改变自我，成功就在不远的彼岸朝你招手。

## 情绪自救：
## 缓解恐惧感，用这几招很管用

所谓恐惧，大部分来自自己的想象；真正的恐惧来自无知、没有爱，无知又产生负面的想象，再被负面的能量无限放大。

轻度恐惧是人的一种自我保护机制，它的存在可以帮助我们免受外界的伤害。所以对于轻度恐惧，我们不必刻意掩饰和强行战胜，不妨带着这种恐惧前行。但是，如果恐惧情绪加重，致使我们做事畏首畏尾，那就要努力克服了，否则它会使我们停滞不前，囿于现状，不敢冒险，永远无法完成既定的目标。

如何缓解恐惧情绪呢？亨利·克劳德在文章《克服恐惧感》中提到，可以采取以下四种积极的行动来缓解恐惧感。

1. 多与人交流

不论你多么恐惧，都不要一个人扛着，你应该找好朋友、亲人，告诉他们你的恐惧。他们会从旁观者的角度来帮你分析为什么会产生这种恐惧，他们会支持你、鼓励你、帮助你、配合你采取有效的行动，从而帮助你克服恐惧。

2. 放松身心

生活中放松的方法很多，如打太极拳、练瑜伽、散步、郊游等。你也可以试着做做"渐进放松"训练，它是心理治疗中常用的放松方法。首先，全身放松，然后把注意力集中在脚趾上，先绷紧该部位的肌肉，坚持一会儿，再放松，体验该部位放松的感觉。其次，小腿、大腿、臀部、腹部、背部、胸部、肩部、上臂、前臂、双手、颈部、面部、头部，循序进行放松。这样把全身各部位的放松都体验一遍，一般将这个过程持续 15～30 分钟，整个身体就会进入一种平时不能达到的放松状态。

3. 充实精神生活

充实你的精神生活，因为在紧急情况下，精神层面的东西可以给你带来安慰。如果你还没有一种精神寄托，你可以找有经验的人谈一谈，或者自己买一本有教益的书来阅读。

4. 坦然面对

无论是哪种方法，都需要你直面自己的恐惧。其实恐惧不是来自外界，而是来自你的内心，你要有意识地去面对和解决自身问题。记住，要从第一步起循序进行。

例如，你对当众讲话很恐惧，就可以试着循序渐进地克服。你可以先在几个人面前讲话，再主持小规模会议，然后主持一次大型集会等，就这样把整体的计划分成数个小部分，按轻重缓急一步一步地实行，慢慢就会减少恐惧。一般而言，恐惧心理本身也存在着一个衰减的过程，强烈的恐惧在 4～6 周后会随着人心理承受能力的提高而得到逐步缓解。

一般来说,如果你能坚持进行自我训练,就会慢慢摒弃恐惧心理,最后从恐惧中彻底解脱出来。

恐惧会增强人们的焦虑感、紧张感,当一个人感到非常焦虑和紧张时,其心理和身体都承担着巨大的压力。我们要想摆脱这种负面情绪,不妨通过以上四种方法加以调节,相信这些方法会给你带来一定的帮助。

第八章

# 抱怨自救：
# 不抱怨，允许一切发生

**把坏事当好事办，人生就只有快乐、没有抱怨。**

——冯仑

唯一能为你的幸福和人生负责的人，就是你自己。你拥有无限的潜能，去为自己的幸福做出改变。把内心的恐惧调向光亮处，这样你才能着手解决问题并疗愈创伤。

## 抱怨随时都会发生

抱怨，是一件人人都会做的事情。

失败者："为什么失败的总是我？"

失业者："为什么没有人赏识我？"

贫穷者："为什么我要过苦日子？"

病患者："为什么我没有一个健康的身体？"

富人："为什么他比我更有钱，还比我悠闲？"

哲人："为什么没有人接受我的理念？"

抱怨是一件随时都会发生的事情。抱怨的人有千万个抱怨的理由，不抱怨的人有千万个不抱怨的理由。

早上起床晚了，抱怨的人会想"唉！又要扣工资了"；不抱怨的人会想"是不是我太累了，该找个时间好好休息一下了"。

走在路上，与别人撞了一下，抱怨的人会想"没长眼睛啊"；不抱怨的人可能根本就没意识到，最多会想"他也不是故意的"。

到了公司，有个同事从对面走过，连个招呼也没打，抱怨的人会想"对我有意见？我还懒得理你呢"；不抱怨的人可能毫不在意，最多会想"他也是想着工作，没留神"。

工作上辛辛苦苦完成了一个任务，自认为无可挑剔，哪知交上去了才发现还有个小错误，抱怨的人会想"为什么事先没想到啊，真是白辛苦了"；不抱怨的人会想"我这么小心还是有疏漏，下次要吸取教训，得更加小心了"。

喝口水呛着了，抱怨的人会想"怎么这么倒霉，喝水都会呛到"；不抱怨的人会想"现在有点急躁了，要沉稳一点"。

吃饭时咬到沙子，抱怨的人会想"谁洗的米，沙子都没淘净"；不抱怨的人会想"有沙子是正常的，怪我不小心没注意"。

下班了，领导说大家留一下，晚上要开会，抱怨的人会想"又开会，怎么不在工作时间开啊？与女朋友的约会怎么办"；不抱怨的人会想"原来这就是'鱼和熊掌不可得兼'"。

晚上回到家，累得不行，抱怨的人会想"为什么生活这么难啊"；不抱怨的人会想"今天还真有不少收获，现在马上休息，明天还要好好工作"。

> 苹果公司刚成立不久，创始人史蒂夫·乔布斯就因为一些内部问题被迫离开公司。但是，他没有抱怨，而是冷静思考，积极寻找出路。他想出寻求投资人帮助的办法，成功创办了皮克斯动画公司，以展示他无人能比的创新力和管理力。凭着这一点，最终他重返苹果公司，并创造了一个全新的手机时代。

乔布斯的经历，不但告诉我们直面问题积极寻找出路的人有多棒，也告诉我们，从不抱怨的人，除了有冷静和积极的心态，还更容易打造出优秀的人际关系网。因为他们不会为一些小事和别人产生矛盾，这让他们更容易获得他人的支持和帮助。

从不抱怨的人，具备卓越的适应能力。这种能力让他们迅速适应新的环境和变化，也让他们能更加灵活地处理复杂的问题。

从不抱怨的人，具有高度的责任感。他们不会把自己的问题推到别人身上，而是尽力去解决问题，这种责任感让他们更专注于自己的事业，也更容易获得成功。

乔布斯的人生之所以成功，是因为他从不抱怨。他把所有的精力用来提升能力和格局。这种提升，让他对自己有一个清晰的定位，对周围的环境也有客观的认知。他知道自己需要什么，也知道要做什么才能实现自己的目标。有了这两点，不可能不成功。

不要抱怨你的专业不好，不要抱怨你的学校不好，不要抱怨你居无定所，不要抱怨你的丈夫穷或你的妻子丑，不要抱怨你没有一个好爸爸，不要抱怨你的工作差、工资少，不要抱怨你怀才不遇。一个天性乐观、对人生充满热忱的人，无论他眼下是在洗马桶、挖土方，还是在经营着一家大公司，都会认为自己的工作是神圣的，并怀着浓厚的兴趣去完成它。

## 认真思考,你在抱怨什么

有位心理学家做过一项心理实验,让自己的学生列出恋爱关系中所有令人抱怨的事情。结果列出的抱怨数目惊人,涉及的范围从严肃认真的拒绝沟通、缺乏信任感到稀松平常的借太多东西、不更换卷筒卫生纸、看电影时肆意聊天等。

抱怨人人有,你也不例外。在生活和工作中,你的抱怨是什么?

### 1. 碰到让人郁闷的主管

乔安在目前的公司工作了3年,但他越来越觉得他的主管领导无论是在工作能力方面,还是在为人处世方面,都让人郁闷,很多同事也说主管不如乔安,乔安就更感到压抑。

每次听到主管提出的有关财务方面的问题,乔安总在心里哀叹:如果我是主管,我们这个部门对公司的贡献会更大。他向朋友抱怨这些的时候,朋友也抱怨说碰到过类似的情况:有的主管领导只是指方向但不会干实事,乱讲一通,出了问题,反过来责怪下属;有的自己没主意,让员工出谋划策,然后再一把抢过来占为己有;还有些主管固守老一套,员工想创新,他却百般阻挠。面对这样的难题,真不知该如何解决。

员工对主管产生抱怨的情绪时,先问问自己:对主管的反感,是不是带有浓重的个人感情色彩?主管的身上真的找不到一丝优点吗?

学会客观看待遇到的问题，是职场生存的基本功之一。老板创立公司，当然是把盈利放在首位的。所以，老板不会在任何一个部门安排一个无用的人。看清了这一点，我们就能理解，这个主管还是有存在的必要的。退一万步说，即使主管不称职，作为一个职场前辈，也必然有值得学习的地方。

2. 怀才不遇

每个地方都有怀才不遇的人，他们普遍的做法是牢骚满腹，喜欢批评别人，有时也会露出一副抑郁不得志的样子。

怀才不遇的人有的真的是怀才不遇，因为客观环境无法配合，而暂时无法施展才华，但为了生活，又不得不屈就，所以痛苦不堪。

怀才不遇感越强烈的人，越容易把自己孤立在小圈子里，无法参与到其他人群里面。每个人都因怕惹麻烦而不敢跟这种人打交道，人人视其为"怪物"，敬而远之。负面的评价一旦传播开来，除非遇到爱惜人才、明白事理的上司大力提拔，否则这样的人只能与抱怨相伴。

不管你才能如何，都有可能碰上无法施展的时候。但就算有怀才不遇的感觉，也不能表现出来，你越沉不住气，别人越把你看得很轻。

因此，你要用如下方式评估一下自己：

先评估自己的能力，看是不是自己把自己评估得太高了。如果觉得自己评估自己不是很客观，可以找朋友和较熟的同事替你分析，如果别人的评估比自我评估还低，那么你要虚心接受。

分析一下为什么自己的能力无法施展，是一时间没有恰当的机会还是大环境的限制？有没有人为的阻碍？如果是机会问题，那只好继续等待；如果是大环境的缘故，那就考虑改变一下现有的环境，寻求更好的发展空间；如果是人为因素，那就诚恳沟通，想办法疏通、化解。

考虑拿出其他专长。有时怀才不遇是因为用错了专长，如果你有第二专长，那么可以请求上司给你机会去试试看，说不定就此能走上一条光明之路。

3. 没有机会受青睐

经常听到一些员工抱怨自己时运不济、命运不公。他们评价别人的成功，也总是一味强调人家"运气好"。实际上，机会对每一个人都是平等的。在职场打拼，不错过每一个展现自己的机会，才能使自己得到别人的认可和赏识。

然而，相当一部分员工受了一点挫折就轻言放弃、怨天尤人。爱默生说："每一种挫折或不利的突变，是带着同样或较大的有利的种子。"老子也说："祸兮福之所倚，福兮祸之所伏。"困难也是一个难得的机会，所谓时势造英雄，敢于负责的人会在困难中寻找机会，而推卸责任的人则是在机会来临时产生畏难情绪，给自己搜寻种种无法利用这机会的理由。

一个善于表现自己的人，他成功的机会就会比别人多得多。不懂得恰当展示自我的人是最可悲的，因为这会使他与许多成功的机会失之交臂。

那些埋怨机会为何不降临在自己头上的人，总觉得自己怀才不遇，因而牢骚满腹。其实，不是没有机会，而是你没有很好地识别机会、抓住机会、利用机会而已。

4. 坐不住"冷板凳"

在足球比赛中，除了上场踢球的 11 名队员外，还有几个队员是替补队员，俗称板凳队员。在一场比赛中，这些板凳队员有的只能上场几分钟，有的连上场的机会都没有。我们认为，坐"冷板凳"并不是一种没本事、丢人的事，即使是主力球员也要有坐"冷板凳"的勇气。只要还能坐"冷板凳"，就还算球队中的一员，就总有上场的机会。如果你连"冷板凳"都坐不住，不要说赢不赢球，首先心态不正，自己就已经输了。

任何时候，我们都不要把自己看得太高，坐不住"冷板凳"。大凡坐"冷板凳"的人，不外乎以下五种情况：一是本身能力欠佳，只能做一些无关紧要的事，却还没有到被辞退的地步，因为在工作中犯了错误，使你的老板和上司对你的工作能力失去了信心，只好暂时让你坐一下"冷板凳"。二是老板或上司有意考验你。人要做大事必须有面对挑战的勇气，面对困难的耐心，同时还要有身处孤寂的韧性。有时要培养一个人，除了让他做事之外，也要让他无事可做，一方面观察，一方面训练。这种考验事先是不会让他知道的,知道就不是考验了。三是大环境有了变化。俗话说:"时势造英雄。"很多人的崛起是由环境造成的,因为他的个人条件适合当时的环境,可当时过境迁时,英雄便无用武之地了,这时候你只好坐"冷板凳"了。四是你冒犯了上司或老板。宽宏大量的人对你的冒犯无所谓,但人是感情动物,你在言语或行为上的冒犯如果惹恼了他,你便有坐"冷板凳"的可能。五是威胁到老板或上司。你能力如果太强,又不懂得收敛,让你的老板或上司失去了安全感,那么你便会坐上"冷板凳"。

坐"冷板凳"的原因还有很多,无法一一列举。大凡人遭到冷遇,难免会自怨自艾、疑神疑鬼,而不去冷静思考、寻找原因。仔细想想,坐"冷板凳"也未必是什么不光彩的事情,大可借此机会调整自己的心态,蓄势待发,把"冷板凳"坐热,待时机到来时,再大显身手。

## 生活本来就是不公平的

也许你没有在意,你在生活中有多少次抱怨老天的不公平。有时,你也许真的遭遇了某些不公平的待遇,既得利益被无端地剥夺,自己的荣誉拱手让给了他人,公平的分配却怎么也轮不到自己……于是,常见许多人在处于生命低谷时一味地抱怨、苦恼，大声地哭诉着生活对自己是如此不公，长期沉溺其中不能自拔，终日被抱怨和无奈的情绪包围着。仔细想来，用抱怨折磨自己又有何用？只能徒增痛苦，让自己坠落得更深、更惨罢了！

　　人生如海，潮起潮落，既有春风得意、高潮迭起的快乐，又有万念俱灰、惆怅漠然的凄苦。

　　面对生活，有很多事情不能如己所愿，别人很幸运而你却与机会擦肩而过，别人获得了成功而你却陷入困境，别人一帆风顺而你却遭遇不幸……于是，你感叹生活是如此刻薄、命运是如此不公。其实，当你这样抱怨的时候，你已经把命运的掌控权交了出去。

　　如果把人生的旅途描绘成图，那一定是高低起伏的曲线，它可比呆板的直线丰富多了。

　　　　威尔逊是一位成功的商业家，他从一个普通事务所的小职员做起，经过多年的奋斗，终于拥有了自己的公司、办公楼，并且受到了人们的尊敬。

　　　　有一天，威尔逊从他的办公楼走出来，刚走到街上，就听见身后传来"嗒嗒嗒"的声音，那是盲人用竹竿敲打地面的声响。威尔逊愣了一下，缓缓地转过身。

　　　　盲人感觉到前面有人，连忙打起精神，上前说道:"尊敬的先生,您一定发现我是一个可怜的盲人,能不能占用您一点点时间呢?"

威尔逊说:"我要去会见一个重要的客户,你有什么事就快说吧。"

盲人在包里摸索了半天,掏出一个打火机,放到威尔逊的手里,说:"先生,这个打火机只卖一美元,这可是最好的打火机啊。"

威尔逊听后,叹了口气,把手伸进西服口袋,掏出一张钞票递给盲人:"我不抽烟,但我愿意帮助你。这个打火机,也许我可以送给开电梯的小伙子。"

盲人用手摸了一下那张钞票,竟然是100美元!他用颤抖的手反复抚摸着钱,嘴里连连感激着:"您是我遇见过的最慷慨的先生!仁慈的富人啊,我为您祈祷!"

威尔逊笑了笑,正准备走,盲人却拉住他,又喋喋不休地说:"您不知道,我并不是一生下来就瞎的,都是23年前布尔顿的那次事故!太可怕了!"

威尔逊一震,问道:"你是在那次化工厂爆炸中失明的吗?"

盲人仿佛遇到了知音,兴奋地点头:"是啊,是啊,您也知道?这也难怪,那次光炸死的人就有93个,伤的人有好几百,那可是头条新闻!"

盲人想用自己的遭遇打动对方，争取多得到一些钱，他可怜巴巴地继续说道："我真可怜啊！到处流浪、孤苦伶仃，吃了上顿没下顿，死了都没人知道！"他越说越激动："您不知道当时的情况，火一下子冒了出来！仿佛是从地狱中冒出来的！逃命的人群都挤在一起，我好不容易冲到门口，可一个大个子在我身后大喊：'让我先出去！我还年轻，我不想死！'他把我推倒了，踩着我的身体跑了出去！我失去了知觉，等我醒来，就成了盲人，命运真不公平啊！"

威尔逊冷冷地说道："事实恐怕不是这样吧？你说反了。"

盲人一惊，用空洞的眼睛呆呆地对着威尔逊。

威尔逊一字一顿地说："我当时也在布尔顿化工厂当工人，是你从我的身上踏过去的！你长得比我高大，你说的那句话，我永远都忘不了！"

盲人愣了许久，突然一把抓住威尔逊，爆发出一阵大笑："这就是命运啊！不公平的命运！你在里面，现在出人头地了，我跑了出去，却成了一个没有用的盲人！"

威尔逊用力推开盲人的手，举起了手中一根精致的棕榈手杖，平静地说："你知道吗？我也是一个盲人。你相信命运，可是我不信。"

同是不幸的遭遇或失败，有人只能靠乞讨混日子，有人却能出人头地，这绝非命运的安排，而在于个人奋斗。

面对自己的不幸，屈服于命运，并企图以此博取别人的同情，这样的人只能躺在不幸中哀鸣。

失败并不意味着失去一切，靠自己的奋斗也可以消除自卑的阴影，赢得尊重。多年后的你，一定会感谢不放弃的自己。

## 抱怨起不到任何作用

生活中的许多失业者，都有一个共同的特点，那就是充满了抱怨。失业的痛苦困扰着他们的身心，使他们觉得自己仿佛被命运挤到墙角，因此只能通过抱怨来平衡自己的内心。然而，这种抱怨的行为恰好说明他们遭遇的处境是咎由自取。

季某是某名牌大学的毕业生，能说会道，各方面表现都不同凡响。他在一家私营企业工作了两年，虽然业绩很好，为公司立下了汗马功劳，可就是得不到升职。

季某心里有些不舒畅，常常抱怨老板没有眼光。一日，与同事喝酒时季某又开始抱怨："自我到公司以来，努力认真，试图在事业上有所成就，我为公司联系了那么多的客户，业绩也很不错。兢兢业业，成就人所共知，但是领导却不重视、不欣赏。"

世上没有不透风的墙，本来老板已准备提升季某为业务部经理，得知季某的抱怨后，心里不是滋味，就放弃了提升他。

季某之所以得不到老板的提升，就在于他不了解老板的心理，只是一味地从自己的利益出发，抱怨老板没有识人之能。

抱怨是无济于事的，只有通过努力才能改善处境。人往往就是在克服困难的过程中，形成了高尚的品格。相反，那些常常抱怨的人，终其一生，也无法获得真正的勇气、坚毅的性格，自然也就无法取得任何成就。不妨假想一下，你喜欢与抱怨的人为伍，还是与乐于助人、充满善意、值得信赖的人一起共事呢？

有时候，在工作当中，我们碰到一些并非我们职责范围内的工作时，只要我们站在公司的立场上，为公司着想，而不是置身事外，采取观望态度，我们做出的努力将会得到回报。在现实中，我们难免会遭遇挫折与不公正的待遇，每当这时，有些人会产生不满，然后会用抱怨的方式去排解，希望以此引起更多人的同情，吸引别人的注意力。从心理角度讲，这是一种正常的行为。但这种行为同时也是许多老板心中的痛，抱怨会削弱员工的责任心，降低员工的工作积极性，这是不利于工作的因素。

许多公司管理者对这种抱怨都十分困扰。一位老板说："许多职员总是在想着自己'要什么'，抱怨公司没有给自己什么，却没有认真反思自己所做的努力和付出够不够。"

对于管理者来说，抱怨带来的最致命的危害是滋生是非，影响公司的凝聚力，造成机构内部彼此猜疑，涣散团队士气，因此他们对公司里的抱怨者时刻保持着十二分的警惕。

爱抱怨的人很少积极想办法去解决问题，不认为主动独立完成工作是自己的责任，却将诉苦和抱怨视为理所当然。其实这样的抱怨毫无意义，至多是暂时的发泄，结果什么也得不到，甚至会失去更多的东西。一个将自己的头脑装满了过去时态的人是无法容纳未来的。聪明的做法是停止抱怨、忘记过去，不要对自己所遭遇的不公正耿耿于怀。

一些刚刚从学校毕业的年轻人，由于缺乏工作经验，无法被委以重任，工作自然也不是他们所想象的那样轻松。然而，当老板要求他去做应该负责的工作时，他就开始抱怨起来："我被雇来不是要做这种工作的。""为什么让我做而不是别人？"对工作丧失了起码的责任心，不愿意投入全部精力，而是敷衍塞责，得过且过，将工作做得粗陋不堪。长此以往，嘲弄、吹毛求疵、抱怨和批评的恶习会将他们卓越的才华和创造性的智慧悉数吞噬，使之根本无法独立工作，成为没有任何价值的员工。

一个人一旦被抱怨束缚，不尽心尽力，而是应付工作，这在任何单位里都是自毁前程。

抱怨和嘲弄是慵懒、懦弱无能的最好诠释，它像幽灵一样到处游荡，扰人不安。如果你想有所作为，如果你想让自己变得优秀，不妨在遇到不公或是心情郁闷想要发泄时，多问一下自己："我抱怨什么？有什么可值得我去抱怨的？"然后平静地将答案告诉自己。

## 优秀的人从来都不抱怨

优秀的人之所以优秀，就在于他们能承受磨难，而不是抱怨磨难。最好的才干诞生于烈焰之中。奥里森·马登说："磨难并不是我们的仇人，而是我们的恩人。正是磨难使我们奋力前行的力量得以增强。这就好像那些橡树，经过千百次暴风雨的洗礼，非但不会折断，反而愈见挺拔。"

许多人不到穷途末路的境地，就不会发现自己拥有无穷的力量，而灾祸的折磨反而使他们发现真我。磨难也是一样，它犹如凿子和锤子,能够把生命雕琢出力与美来。磨难会激发人的潜力,唤醒沉睡的雄狮,引人走上成功的道路,如同河蚌能将体内的沙砾化成珍珠一样。

磨难能唤起真正的勇士心中沉寂的火焰。在马德里的监狱里,塞万提斯写出了著名的《堂吉诃德》;马丁·路德被监禁的时候,把《圣经》译成德文。另外,但丁在他被放逐的 20 年中,仍然孜孜不倦地创作;约瑟尝尽了生活的痛苦,最终做到了埃及的宰相;音乐家贝多芬在两耳失聪、穷困潦倒之时,创作了最伟大的乐章;席勒被病魔缠身 15 年,却在这一时期写就了最辉煌的著作;弥尔顿也是在他双目失明、贫困交加之时,写出了他最著名的作品。

正因如此,有人甚至说:"如果可能,我宁愿祈祷更多的磨难降临到我的身上。"

一个年轻人,原来家境非常贫寒,常被家境富裕的同学取笑。在同学们的讥笑中,他立志要做出一番轰轰烈烈的事业来。后来,这个年轻人果然取得了成功。他说,自己在上学时受到的各种讥笑是对他最好的磨砺。

近乎绝望的境地最能激发人的潜力,没有这种经历,人们便难以显露真正的力量。很多成功人士都把自己所取得的成就归功于生活中的各种磨难。有人说,如果没有生活中的各种磨难,他们也许只会发挥出 1% 的才能,足够的磨难可以使这一比例扩大 5 倍以上。

某位名人说，"不幸是一所伟大的学校"。此话极深刻。世界上只有一种不幸比任何不幸都不幸，那就是一辈子从未遇到过不幸。尽管谁都不愿意遇到逆境，但能让人变得坚强、成熟的办法只能是挫折、逆境，而不是其他。因此，每个人都应该把逆境当作上天的恩赐，愉快地接受。

## 情绪自救：
## 逆境中保持平和心态的技巧

唉声叹气，自认倒霉，是一种态度。在打击和磨难面前，仅仅停留于无休止的叹息，不会帮助你改变现实，只会削弱你和命运抗争的意志，使你在无可奈何中消极地接受现实。

痛苦绝望，自暴自弃，也是一种态度。一遇挫折就认为自己无能，既是意志薄弱、缺乏勇气的表现，也是自甘堕落、自我毁灭的开始。

用胆怯懦弱来对待挫折，实际上是帮助挫折打击自己，是在既成的失败中又为自己制造新的失败，在既有的痛苦中再为自己增加新的痛苦。

怨天尤人，归罪于命运，也是一种态度。现实总归是现实，并不会因为你的抱怨而有所改变。遇到不幸的事，就恶言恶语、怨天尤人，这是最容易的，但却是最没有用处的。抱怨人人都会，但从抱怨中得到好处的人却从来没有。

事实上，在抱怨之中，真正受到伤害的并不是别人，只会是抱怨者自身。

在不幸面前，有没有坚强刚毅的性格，在某种意义上说，也是区别平凡与卓越的标志之一。巴尔扎克说："苦难对于一个天才是一块垫脚石，对于能干的人是一笔财富，对于弱者是一个万丈深渊。"有的人在厄运和不幸面前，不屈服、不后退、不动摇，顽强地同命运抗争，因而在重重困难中冲开一条通向胜利的路，成为征服困难的英雄、掌握自己命运的主人。而有的人在生活的挫折和打击面前，垂头丧气、自暴自弃，丧失了继续前进的勇气和信心，于是成为庸人和懦夫。弗朗西斯·培根说："好的运气令人羡慕，而战胜厄运则更令人惊叹。"

生活中，人们对于冲破困难和阻力、经受重大挫折和打击而坚持到底的人，其敬佩程度是远在生活的幸运儿之上的。征服的困难越大，取得的成就越不容易，就越能说明你是真正的英雄。当接连不断的失败使爱迪生的助手们几乎完全失去发明电灯泡的热情时，爱迪生却靠着坚韧不拔的意志，排除了来自各个方面的压力，经过无数次实验，终于。

在这里，爱迪生的超人之处，正在于他对挫折和失败表现出了超人般的顽强精神。

刚毅的性格是在个人的实践活动中逐渐发展形成的。

谁的人生没有下坡路？如果你想增强自己承受悲惨命运的能力，你就要在逆境中保持平和的心态，学会使用下列技巧。

**1. 下定决心坚持到底**

局面越是棘手，越要努力尝试各种方法。过早地放弃努力，只会增加你的麻烦。面临严重的挫折，只有坚持下去，加倍努力和加快前进的步伐。下定决心坚持到底，并一直坚持到把事情办成。

2. 不要低估问题的严重性

要实事求是地估计自己面临的危机，不要低估问题的严重性。否则，去改变局面时，就会感到力不从心。

3. 做出最大的努力

不要畏缩不前，要使出自己的全部力量，不要担心把精力用尽。成功者面对危机时，总能做出更大的努力。他们从不考虑消极因素。

4. 坚持自己的立场

一旦你下定决心要向前冲去，就要像服从自己的理智一样去服从自己的直觉。顶住来自各方的压力，采取你所坚信的观点，坚持自己的立场。

5. 生气是正常的

当不幸的环境把你推入危机之中时，生气是正常的。这时，你需要明白自己对这种困境负有什么责任；同时，自己也有权利因花了那么多时间却没能解决问题而恼火。

6. 不要试图一下子解决所有的问题

当经历了一次严重的危机或打击之后，在你的情绪完全恢复之前，要满足于每次只迈出一小步。不要企图当个超人，一下子解决自己所有的问题。

要挑一件力所能及的事，先把它处理好。而每一次成功的体验都会增强你的力量和信心。

7. 让别人安慰你

当危机来临时，不要害怕寻求别人的安慰。你可以放心地把自己的懊悔和恐惧告诉别人，给别人安慰你的机会。

8. 坚持尝试

克服危机的方法不是轻易就能找到的。如果你坚持不懈地寻求新的出路，愿意不断尝试，你就能找到出路。要保持头脑的清醒，睁大眼睛去寻找在危机或困境中可能存在的机会。与其专注于抱怨和懊悔，不如努力去寻求一线希望和可取的积极之路。即使是在混乱与灾难中，也可以形成独到的见解，它将把你引导到一个值得一试的新的冒险之中。

第九章

# 选择困难症自救：
# 学会选择，懂得放弃

人生一盘棋，落子之时即为选择和放弃之时，落子无悔，才是从容所在。

——毕淑敏

我们在每天的生活中面临众多的选择，大到工作、伴侣，小到吃喝用度，都需要我们做出选择。在做选择的时候，我们要保持一个良好的心态，既要从实际出发，也要发挥冒险精神，敢于抉择、敢于承担，这才是勇者和智者的作为。

## 做人，不能"既要又要还要"

在面对人生抉择的时候，很多人"既要又要还要"，最后什么都得不到，情绪也因此受到影响。其实放弃也是一种智慧，生活中懂得放弃才会有所收获，有舍才有得。

在"狗熊掰玉米"这个故事里，狗熊在广阔的玉米地里一直不停地掰下去，但它一边掰一边丢，到头来，手里只剩下了一根玉米。

很多人都嘲笑狗熊的贪心和笨拙，自己却常常干着同样的事情。贪多、贪大或者太急切会使自己顾此失彼，到头来不但什么都没有得到，反而白白搭上了许多精力、时间、金钱和健康，真是得不偿失！

> 曾经有一位青年非常苦恼地对昆虫学家法布尔说："我为了自己热爱的事业，呕心沥血，不眠不休，把我的时间和精力全部投进去了，结果却收效甚微，至今毫无成就。"
>
> 法布尔赞许地说："看来你是一位乐于付出、献身科学的有志青年！"
>
> 那位青年说："是啊！我是对科学感兴趣，但我也喜欢文学、音乐、美术。为了把它们都做好，我真的尽力了。"
>
> 法布尔拿起一个放大镜说："你应该像这块凸透

镜一样，把时间和精力集中到一点。"

有位哲人说："与其花许多时间和精力去凿许多口浅井，不如花同样的时间和精力去凿一口深井。"人生是一场马拉松，你应该目标专一，不能把时间和精力花在与目标无关的琐事上。如果你想深耕绘画，那就不要再过多地触碰你还喜欢的舞蹈、歌唱、演讲，这并非不求上进，也不是懒惰无能，而是一种锲而不舍、全神贯注的追求。

这是许多有成就的人物获得事业成功的宝贵经验。毕竟一个人的时间、精力和能力是有限的，你反复在多个事情中"横跳"，很难保证自己的注意力高度集中，达到如痴如醉、浑然不觉周围人与事的忘我境地，而一旦无法达到这种忘我的境地，那么你所钻研的东西就很难取得较高的成就。

著名科学家居里夫人小时候读书很专心，周围的环境一点也干扰不了她，即使别的孩子跟她开玩笑，故意发出各种使人不堪忍受的喧哗声，她也不受影响，而是继续沉迷在书本的世界里。有一次，几个姊妹恶作剧，用六把椅子在她身后搭了一座不稳定的三脚架，而她依然在认真看书，一点也没有觉察到身后有什么变化。突然，三脚架轰然倒塌，姊妹们忍不住哈哈大笑，可居里夫人仍然不为所动，继续沉浸在知识的世界里。

无数成功者的经历告诉我们：做事要专心致志、苦心钻研，这样成功的概率更大。如果你抱着"只要千招会，不在乎一招精"的态度做事，那么必然会出现"样样都学，样样都不行"的糟糕情况。要知道分散精力、见异思迁是人生的大忌，务必戒之慎之。

## 放弃那些可以放弃的选项

在人生之路上，很多人都犹犹豫豫、举棋不定，生怕一个错误的选择会给自己留下无尽的遗憾。其实，选择的本质不是如何挑取，而是如何放弃。在面对诸多选项时，我们应该放弃哪些、留下哪些呢？如何做取舍才能不留遗憾呢？下面为大家提供两个可以参考的选项。

1. 放弃眼前的私利

如今，各种各样的诱惑充斥着我们的眼球。有时太贪婪，会毁了已近在咫尺的大好前程；有时明明知道是别人布好的陷阱，却因为经不起诱惑而陷入其中。其实，如果我们能保持清醒的头脑，能放弃眼前的私利，就能排除掉大部分的危险。反之，如果只贪图眼前的一点小利，而没有长远的打算，就会为未来埋下很多隐患。

从前，有个人得到了一张藏宝图，上面标明了寻宝的路线。想到自己马上就要发财了，他就激动得睡不着觉。第二天一大早，他就准备好了出行要用的东西，并特意拿了四五个大袋子，打算用它们来装宝物。一切准备就绪后，他就上路了。一路上他克服了各种困难和凶险，终于找到了第一个宝藏——一堆闪闪发光的金子，他急忙将金子收起。离开之际，他看到了藏宝的门上有一行字："知足常乐，适可而止。"

他笑了笑，心想，傻瓜才会听你的话呢！那可是实实在在的财富，谁会嫌多呢？

于是，他没有留下一块金子，并扛着装有金子的袋子前往第二个藏宝的地方。到了之后，他又发现了一堆金子。他兴奋地跳了起来，激动过后，他又把这里的金子全部装起。当他出来时，他看见门上也写着一行字："放弃下一个屋子中的宝物，你会得到更宝贵的东西。"

他瞥了一眼门上的忠告，转身又继续向第三个藏宝的地方走去。到达目的地后，他发现了满地的钻石。在装钻石的过程中，他发现钻石的下面有一扇小门。他心想，这里肯定隐藏着更大的宝藏。于是，他毫不迟疑地打开门，跳了下去。谁知，一片流沙瞬间将他吞没。

生活中的很多人就像故事里的寻宝人一样，贪婪无度，不懂得放弃。贪婪蒙住了他的双眼，使他最终付出了生命的代价。

如果这个寻宝者能在看到第一个忠告后就停手，或者在跳下去之前想一想前两个忠告的话，他就会平安地返回，成为一个真正的富翁。所以说放弃也是一种做人的智慧。真正的强者懂得取舍，也拥有放弃的勇气，他们明白只有放弃才能获得更多的道理。

有两个渔夫在海底找到了两大袋金条，正当他们怀着激动的心情返航时，他们的船却被狂风吹翻。刚开始的时候，他们还想留住这来之不易的财物，可游着游着就觉得力不从心了。

其中一个渔夫为了保存自己的体力，放弃了属于他的那袋金条。没有袋子的拖累，他很快就游到了岸边。另一个渔夫看见后，忙潜到水里，把那人刚刚丢掉的金条也捞了起来。随后，他拖着两个沉重的袋子吃力地向岸边游去。最后，由于体力透支严重，他随着两袋金条沉到了海底。那个放弃金条的人回到家中看到妻子和儿子时，他无比庆幸自己做的那个决定。

一生中，我们需要舍弃很多的东西，比如无用的杂物、无效的社交、负面的情绪、无意义的消费、不必要的焦虑。多读书、多运动，为健康着想，为未来负责，关注当下，这才是正确的生活态度。

2. 放弃盲目的执着

科学家曾用马林鱼做过一个试验：把马林鱼放在一个水池里，水池中间用一大块透明玻璃隔着。马林鱼想从水池的一头游到另外一头，却碰到了玻璃。不过它并不气馁，两次、三次、十多次，马林鱼碰得头破血流，但依然向着玻璃冲去，丝毫没有停止的打算。

有时候，人也会像马林鱼一样，做了某个选择之后，就认定要把这件事完成。即使是一件对自己来说不可能的事情，我们也依旧很执着，就算头破血流，也在所不惜。殊不知，这是一种盲目的执着，长此以往，一点意义也没有。

每个人都有自己的兴趣、爱好，都有自己的特长。想在自己的弱势方面取得一定的成就，难度系数很大。这个时候明智的人会放弃无谓的执着，转而把奋斗目标定在自己热爱且擅长的事情上。反之，如果让一个没有音乐天赋的人从事音乐创作，那他就算熬到天荒地老，也写不出美妙的乐曲来。

放弃不适合自己做的事情，放弃不适宜的工作，在准确地了解了自己的长处和优势之后，再去确立自己的目标。与其盲目执着于不可能实现的事情，不如把时间和精力投入适合自己的事情，这样成功的概率才能大大增加。另外，选择了合适的赛道，即使一时成功不了，坚持下去也必会有所收获。

## 锲而不舍，才能做好各种选择题

每个人都有自己的目标，这些目标有层次高低之分，有规模大小之别，有时间长短之差。总之，每个人做出的人生选择多种多样，内容更是包罗万象。小的目标，可以是做一顿饭、写一篇文章、画一幅画，这些小目标，我们称之为打算、想法；中的目标，常常叫作任务，如考上研究生、养大孩子等；远的、大的目标，就是事业了。

总之，不管你选择什么行业，都需要有明确的目标，这样行动才能有正确的方向，你才能在实现目标的道路上少走弯路。否则，目标不明确，或者目标过多，都会影响你前进。

父亲带着三个儿子到草原上捕捉野兔。在狩猎正式开始之前，父亲问了三个儿子一个问题："你们看到了什么呢？"

老大回答道："我看到了我们手里的猎枪，在草原上奔跑的野兔，还有一望无际的草原。"

父亲摇摇头说："不对。"

老二的回答是："我看到了爸爸、大哥、弟弟、猎枪、野兔，还有茫茫无际的草原。"

父亲又摇摇头说："不对。"

而老三的回答只有一句话："我只看到了野兔。"

父亲这时才说："你答对了。"

对于狩猎者来说，眼中只有目标才能把握好方向，继而通往成功。正因为老三意识到了这个问题，所以才获得了父亲的认可。

在选定目标之后，人们也会面临失败的风险，这又是为什么呢？原因之一就是有些人选择了一个不切实际的目标。

有的人把目标定得过高，实现起来非常有难度，所以不能完成的概率自然就很高。比如，一个没有运动天赋的人，把自己的人生目标定为篮球运动员，本身就不切实际、不合常理，所以未来的他大概率会遭到他人的拒绝、嘲笑，也会遭到现实的残酷打击；而把人生目标定得过低，就算实现了也毫无意义。我们只有确立符合实际情况的人生目标，未来才会获得更好的发展。

美国哈佛大学曾经对一群智力、环境、学历等客观条件都相似的年轻人做过一个长达25年的跟踪调查。调查结果发现：27%的人，没有目标；60%的人，目标模糊；10%的人，有清晰但比较短期的目标；3%的人，有清晰且长期的目标。

25年后，这些调查对象的生活状况如下：27%没有目标的人，几乎都生活在社会的最底层，生活状况很不好，经常处在失业状态，靠社会救济生活，并且时常抱怨别人、社会、世界。60%目标模糊的人，几乎都生活在社会的中下层，能安稳地工作与生活，但都没有什么突出的成绩。10%有着很清晰的短期目标的人，大都生活在这个社会的中上层。他们的共同特征是：那些短期目标不断地得以实现，生活水平稳步上升，成为各行各业中不可缺少的专业人士，如医生、律师、工程师、高级主管等。3% 有清晰且长远目标的人，25 年来几乎都不曾改变过自己的人生目标，并向实现目标做着各种不懈的努力。25 年后，他们几乎都成了社会各界顶尖的成功人士，其中有白手创业者、行业领袖、社会精英。据此，调查者得出结论：目标对人生有着巨大的导向性作用。成功，就是从你做出一种选择的时候开始，你选择什么样的目标，就会有一种什么样的人生。

你给自己定下了一个目标后，目标就会在两个方面起作用：它既是努力的方向，也是对你的鞭策。目标给了你一个看得见的射击靶子。随着你努力实现这些目标，你就会有成就感。

对许多人来说，制定和实现目标就像一场比赛。随着时间的推移，你实现了一个又一个目标，这时你的思想方式和工作方式也会渐渐改变。

我们站在人生的十字路口，有许多需要做出选择的时刻。一次次不同的选择构成了我们各不相同的人生。我们要想让自己未来的路更加明亮、更加开阔，那么在选择的时候就要从实际出发，制定一个可靠务实的目标，有了目标的指引，未来我们才不会迷茫和痛苦。

另外，有了明确的目标之后，也要锲而不舍地去实现它，否则你的选择将毫无意义。

## 情绪自救：
## 选择了就不后悔，放弃了就不遗憾

我们在面对人生诸多的选择时，无论怎么选都有后悔和遗憾的可能。

世界上的任何事情既没有绝对的好，也没有绝对的坏，它们都是对立统一的，所以有时候很难评判一个选择的对错，我们能做的就是做出选择后不要后悔，放弃某个东西后不要遗憾。

毕竟当初的选择是出自自己的感觉和判断，基于自己的价值观和经验，最符合自己内心需求的。否定了自己的选择，就意味着否定了曾经的自己。

聪明的人往往会珍惜自己所选择和拥有的，不后悔曾经舍弃的。这样才能过好自己的生活，不被负面情绪纠缠，才不会失去快乐。

当然，"选择了就不后悔，放弃了就不遗憾"这句话并不是告诉我们不需要好好选择。我们在做出人生的某个选择时，还是要谨慎，尤其是在涉及教育、职业、结婚、生子等重大选择上，更不能马虎。

下面分享两个建议，以此帮助大家做出正确、合理的选择。

1. 辨认外界信息的真假

当你做出某个选择时，肯定会收集外界的某些信息作为判断的依据。比如，你要在某个城市买房，你会先在网上搜集这个城市的房价、交通状况、房产政策及房子的升值空间等信息。搜集的信息有真有假，你要用自己的经验和理智逐一判断甄别，这样才能为做出合理的选择提供正确的依据。

2. 寻找自己的兴趣点

兴趣是最好的老师。你的选择要着力于自己的兴趣点，这样才会有更大的动力去做成某件事。比如，你想去电影院看一场电影，来到影院后看到上映的片子多得让人眼花缭乱，你不知道该如何选择。这个时候，就看哪个题材更符合你的兴趣，这样在看的时候你才会获得更多的共鸣和快乐，否则面对不感兴趣的东西，你会如坐针毡。

最后，提醒大家做选择时不要只看眼下的得失，还要看长远的利益。

另外，选择要从实际情况出发，切勿主观臆断，这样将来才不会为现在的选择后悔不已。

结语

# 如何保持情绪稳定

有这样一句话："真正能给你撑腰的，是丰富的知识储备，足够的经济基础，持续的情绪稳定，可控的生活节奏和那个打不败的自己。"轻松、愉快、平和的良好情绪，不仅能使人产生超强的记忆力，而且能活跃创造性思维，充分发挥智力和心理潜力。焦虑不安、悲观失望、忧郁苦闷、激愤恼怒等不良情绪，则会降低人们的智力活动水平。因此，消除不良情绪，保持良好的精神状态，是进行创造性学习、提高学习效果的窍门。

另外，下面这个心理学实验也向我们证明了情绪稳定的重要性。

国外心理学家曾经做过这样的一个实验：停止给黑猩猩供应食物一段时间后，观察它们使用工具获取食物的成功率。实验结果表明，停止供应食物的时间在 6 小时以内，或者超过 24 小时，黑猩猩使用工具获取食物的成功率较低。成功率最高是在停止供应食物 6~24 小时这段时间。为什么会这样呢？心理学家做出如下解释：黑猩猩不太饿时，获取食物的内驱力不强，结果它们解决问题时，注意力不集中，经常由于其他干扰而中断动作；黑猩猩饿极了时，由于获取食物的内驱力过强，而忽略了取得食物的各种必要步骤，也不能很好地解决问题。只有在饥饿适度时，由于内驱力强度适中，它们在解决问题时注意力集中，行动灵活，所以成功率很高。

从这个实验可以看到，情绪的强弱与解决问题之间存在着一种曲线关系，情绪低落和情绪过于高涨都不利于问题的解决；只有在情绪既积极振奋又不乏镇定从容的情况下，问题才能得到很好的解决。

了解情绪稳定的重要性之后，我们就要想方设法做一个情绪稳定的人，具体该怎么做呢？

1. 不要对他人抱有太高的期待

有这样一句话："要维系一段感情，期望越少越好，若是没有任何期待，便能无条件地爱，但是我承认我年轻时对人性的期望太高了。"对别人抱有期待，就是失望的开始。所以，永远不要高估自己在他人心中的重要性，也不要对任何人、任何事抱有过高的期待，这样才不会让自己陷入患得患失的泥潭，心情忽上忽下。

2. 不要对自己太苛责

有些人总是给自己树立一个远大的目标，这个目标远远超出自己的能力范围，而当自己的能力跟不上自己的欲望时，痛苦、失望、郁闷、焦虑等负面情绪便会纷至沓来。为了避免这种情况发生，我们在制定目标时，不要对自己太过于苛责，不要提出不切实际的奋斗目标，应把规划定在自己的能力范围之内，这样才能脚踏实地、情绪平和地完成既定的任务。

3. 用宏观视角取代微观视角

一个人的格局越大、胸怀越宽广，就越不容易被负面情绪所影响。所以，如果你整天被生活中鸡毛蒜皮的事情所累，不妨用宏观视角取代微观视角，这样你的心情会开朗很多，令你烦恼的事情也会一扫而空。

4.把糟糕的事情记录下来

在日常生活中，我们常常因为某件事焦虑、愤怒，这个时候你不妨把它们记下来，并且记得越具体越好。事后，当你翻阅这些文字时，你就会觉得好像这些事也没什么大不了，甚至不值一提。这种方式也可以缓解你的负面情绪，平复你的心情。

5.用自我分析代替贴标签

当你出现负面情绪时，不要急着给自己贴负面的标签，如"我太软弱了""我是一个脾气不好的人"。这个时候，理智的做法是用自我分析代替贴标签的方式。具体如何分析呢？首先给你的负面情绪按一个暂停键，然后问一下自己："我刚刚为什么会那么愤怒？""这件事真的值得我发这么大的火吗？"找到负面情绪的根源之后，你的理智就会重新回归，以后也会避免犯类似的情绪错误。

对于一个人来说，外在环境的影响不如自身的稳定情绪来得重要。在人生旅途，愿我们每个人都能管理好自己的情绪，不被负面情绪所困扰。这样才能心情平和，快乐生活，不负自己、不负生活、不负时光。